情けは宇宙のためならず

物理学者の見る世界

須藤 靖
Suto Yasushi

毎日新聞出版

はじめに

私が長年天文学の研究を通じて会得した悟りは2つ。宇宙平凡性原理と宇宙適者生存原理だ。

前者は、宇宙の個々のパーツはどれもとりたてて特別なものではないということ。端的な例はこの地球。かつては、地球は宇宙の中心だとされていた。ごく最近まで、太陽系以外の惑星系は存在しないと考えられていたし、今でも地球は宇宙で唯一生命を宿す奇跡の天体だと信じている人々は多い。にもかかわらず、これらは天文学史を見れば思い上がりもはなはだしい。つまり、宇宙平凡性原理は、この世の中は法則に支配された必然的帰結の集まりから構成されている、という信仰にほかならない。

一方、後者は、そんな世の中に存在する無数の平凡なパーツは、時間をかけて進化した結果、予想もつかない挙動を示すという教え。これまた端的な例は、我々地球人である。今から約46億年前に誕生した平凡な恒星―太陽―の周りに生まれた惑星系の中の（おそらく平凡な）惑星―地球―上で今から約38億年前に、生命が発現した。原始的生命はやがて、海から陸上へ進出し、幾多の困難を乗り越えて大型動物へと進化を遂げる。にもかかわらず、約6500万年前に落下した直径10キロメートルの巨大隕石のために環境が激変した結果、当時の地球を席巻していた恐竜が絶滅し、ひ弱な哺乳類が台頭。やがて、人類が登場し、この地球の資源を消費し環境を破壊しつつある。と同時に、天文学などという学問を発展させ、宇宙の過去から未来にわたる歴史を理解しようという身の程知らずとも言える野望を抱いている。たまたま誕生した単細胞生物が、38億年もの進化を経たとはいえ、よくぞここまで変貌を遂げたものである。

本書はこの2つの宇宙的原理を通奏低音とする私の世界観にもとづいて、ごく当たり前にみえる身近な出来事から、宇宙の果てまでを貫く摂理を再構成しようとする無謀な試みである。本書のタイトル『情けは宇宙のためならず』は、地球のみならず我々が住む銀河系、ユニバース、さらにはマルチバースの平和と繁栄に向けた高い倫理観醸成への熱い思いをこめてつけた。しかしこのタイトルの真意は、書店での立ち読み程度では到底理解できまい。自宅に持ち帰り（ただし、代金を支払った上で）、全編をくまなく熟読して頂きたい。

とはいえ、本書はどこから読み始めても、独立に楽しめるよう、周到に構成されている。

もしあなたが、まだ代金を支払って持ち帰るかどうか悩んでいるのならば、とりあえず初心者向けの『青木まりこ現象にみる科学の方法論』（156ページ）あたりを立ち読みしてから判断してほしい。お恥ずかしい話だが、私自身いやなことがあるたびに読み返し、明日への希望を再確認する作品として活用している。

前回の『宇宙人の見る地球』の出版以来4年間で、この地球をとりまく内外の状況も目まぐるしく変化した。もはや地球ファーストといった、たかだかグローバルと言い換えられる程度の狭い了見などさっさと捨て去り、全宇宙的、すなわちユニバーサルな視点から、我らがペイル・ブルー・ドットの現在・過去・未来を見つめ直す時期に来ている。

本書は、そのような新たな世界観を世に問う契機となるはずである。

情けは宇宙のためならず◎目次

第3章　地球を取り巻く宇宙

第4章　日常にひそむ法則

第5章　これからの世界

第1章

時空を超えて

情けは地球のためならず

太陽系の外に膨大な数の惑星系が存在することはすでに周知の事実である。現時点ではあくまで論理的予想でしかないとはいえ、この天の川銀河、さらにはその外にある無数の銀河のどこかに、生命が存在することもまた間違いなかろう。それどころか、そのなかには高度知的文明[※1]すら確実に存在しているはずだ。

なぜか最近、私は声高にこのような主張を繰り広げる機会に恵まれている。[※2]おかげで、「そう確信する理由は何ですか?」、「そんなこと言って大丈夫ですか?」、「気は確かですか?」から、「ついにそこまで来たか、あいつも終わりだな」、「やっと気がついたようですね」、さらには「その件についてお教えしたいことがあるのでお時間を頂けませんか」に至るまで、多様な質問、忠告、心配、中傷、励まし、勧誘を頂いている。

このようなありがたい助言、もしくはありがた迷惑はさておき、私はあくまで純粋な科学的推論を披露しているに過ぎない。[※3]それを納得して頂くために、少し簡単な計算をしてみよう。

現時点での天文学的観測から、太陽に似た恒星のほとんどは周りに惑星（しかも複数）を宿すという事実が明らかになっている。地球のように岩石を主成分とする惑星を持つのは1割程度、さらに「水が液体として存在できる温度範囲にあると期待される岩石惑星」（以下では適温惑星と呼ぶ）[※4]は1％以下といったところであろう。これらの数字はまだまだ大きな不定性をもつが、ここでは簡単のために、全ての恒星（太陽に似ていないものも含めて）の1万分の1が適温惑星を持つと仮定しておく。

実際に探査されているのは、天の川銀河内の、しかも太陽系に近いごく限られた領域でしかない。しかし、惑星の存在確率が我々の近傍でだけ例外的に高いと考える理由はない。したがって、天の川銀河のいたるところ、さらにはその外にある他のどの銀河でもほぼ同じ割合だと考える方が理にかなっている。これは、我々がこの広い宇宙において、なんら特別な存在ではなく、極めて平均的な一例に過ぎないとする謙虚な立場でもある。そもそもこの外挿無くして、「地球の天文学」から宇宙を知ることなど不可能だ。そのため、この（もっともらしい）仮定は宇宙原理、平凡性原理、コペルニクス原理、などと呼ばれ、天文学における本質的な（隠れた）大前提となっている。

さて、天の川銀河には約1000億個の恒星があるので、適温惑星はその1万分の1、すなわち1000万個あると期待される。さらに、現在観測可能な半径138億光年以内の宇宙には、およそ1000億個の銀河があると考えられている。[※5] とすれば、その範囲の宇宙内にすら、1000万×1000億=100京（10の18乗）もの想像を絶する数の適温惑星があるはずだ。

この数値は恒星あたりの適温惑星の存在確率が1万分の1であることを前提としているので、その値に比例して変わる。楽観的な研究者の中には、存在確率は100分の1だとし、天の川銀河内に10億個、したがって観測できる宇宙内には1垓《がい》（10の20乗）個の適温惑星が存在すると考える人もいる。とはいえ、たかが数桁程度の違いなどどうでも良い。適温惑星の中で生命を宿す割合、さらにはそれが高度知的文明に至る割合は計算しようがないからだ。

というわけで、再びコペルニクス原理の登場となる。これだけの数の適温惑星がある以上、仮に地球以外の高度知的文明が存在しないとすれば、我々は宇宙において極端に特別な存在以外の何者でもない。これは明らかに思い上がりもいいところではなかろうか。むしろ我々ごときですらある程度の知的文明レベルに達している以上、広い宇宙にはそれ以外にもさらに高度な知的文明が、しかも数多く存在すると考える方が、はるかに論理的かつ自然である。[※6]

我々は誰しも長い人生を通じて、世の中には自分よりもずっと優れた人々が数多く生息していることを思い知らされている。同様に、地球もまたこの宇宙の中に無数に存在する高度知的文明の中では、さしてとりえもない平凡な一例に過ぎないことを認めるべきだ。この謙虚な宇宙論的視点に立って、我が地球の将来に思いを馳せてみよう。

今や、この地球の未来をめぐる悲観的な議論が目白押しだ。発展途上国での人口爆発、先進国の少子高齢化、食糧不足、化石燃料の枯渇、全球的温暖化、致死的病原菌によるパンデミック、一触即発の緊張関係が引き起こす核戦争、などなど。山積するこれらの難問を全て解決し、この地球文明を永続的に保つのは絶望的としか思えない。

とすればコペルニクス原理から言っても、地球以外の高度知的文明が、同様の滅亡の危機に瀕するのもまた必然だろう。惑星という限られた環境で発達した種は、うまく適合できなければ絶滅するため、資源はそのまま残る。逆にそこで繁栄できたなら、進化を繰り返しやがては知的生命、そしてさらに高度文明に至る。その結果、それまではほぼ無尽蔵に思われた資源も、高度文明維持の代償として徐々に枯渇への道をたどる。それに加えて、高度文明は必然的に不安定である。全ての可能性が簡単に実現できるようになるのが高度文明であるとすれば、ほんの一握りの人々によって種全体が滅亡することもまた可能となってしまうはずだからだ。

これらの危機を回避するために広く認められている方針は、人類活動の効率化、わかりやすく言えば抑制である。資源は有限だ、限られた地球を汚してはならない、過剰な消費をやめ人口を減らそうではないか、というわけだ。それに反対するつもりはない。しかし、果たしてそれは誰のためなのか、つまり本当に倫理的に正しい行動だと言えるのか。引き続き考察に進んでいこう。

そもそも倫理とは何で、なぜ存在しているのか、考えてみると不思議である。にもかかわらず、我々は（一部の人々を除けば）それなりの倫理観を広く共有しているように思われる。そしてそれは進化論的に獲得されたのだとする説（屁理屈？）がある。※7 利己的に短期的な得だけを考える倫理的でない行動は、長い目で見ると結局損であり、そのような浅はかな行動をとる種は、やがて絶滅してしまうというわけだ。

「情けは人のためならず」という格言は、まさにその端的な例だ。他人に情けを施しておけば結局自分たちにとって得だという、本当は結構せこい了見であるにもかかわらず、「情け」は倫理的とされている。一方で、理由もなく他人に危害を加える、食べ物を独占し分け与えない、実力のない身内や友人を重用する、自分に反対する人間は全て排斥する、などのいわゆる「非倫理的」行為は、いずれも、その社会、ひいては種の衰退をまねく。

このように、倫理性の基準は、長期的に見たときの種の繁栄という最優先目標に寄与するかどうかで進化論的に決まっているようだ。

しかし、この宇宙において、地球は唯一の高度知的文明ではなく、無数に存在する平凡な一つに過ぎないというコペルニクス原理を支持する最新の宇宙観を前提とすれば、この「地球上の」進化論的倫理観の普遍性を疑ってかかる必要がある。

宇宙全体での種の存続を最優先とするならば、その中の無数の高度知的文明は、適者生存という競争原理にしたがって自然淘汰されるべきなのである。文明絶滅の危機を乗り越えられない程度の低レベル文明は淘汰された方が、「宇宙」のためにはむしろプラスなのだ。とすれば、地球という特定の惑星にしがみついてその延命を図るような姑息な行為こそ、非倫理的と非難されてしかるべきではあるまいか。

そこまで高い宇宙倫理観を要求することは困難だとしても、より卑近な地球中心倫理観の枠内ですら、過度にホモ・サピエンス中心主義にこだわるのが長期的に見て正しい保証はない。

仮に、かつてネアンデルタールの方々がもう少し力を持っていたならば、自分たちの生存のために、「新人類」ホモ・サピエンスの台頭を許さず、根こそぎ絶滅させることに成功していたかもしれない。ネアンデルタールの皆さんの家族、友人、社会、文化の平和的存続を考えれば、それは極めて倫理的な行為のはずだ。にもかかわらず彼らは（理由はさておき）、結果的にホモ・サピエンスに地球の主導権を受け渡さざるを得なかったため、地球の文明はさらなる高度な発展を遂げた。[※8] つまり、地球中心主義に立てば、ネアンデルタールが自然淘汰されたことこそ倫理的だったという、非情な結論に至る。

同様に、ホモ・サピエンスが今後の地球環境の変化に耐えられないのであれば、地球環境を無理やりいじるのではなく、自然淘汰の結果誕生するはずの「新人類」に、地球の未来を託すべきなのである。とすれば、温暖化防止や人口抑制といった対症療法的な過保護政策は、極めて非倫理的と言うべきではなかろうか。

むしろ「情けは人のためならず」を、「自力で生き延びる能力がない種を保護していては、より優れた種が生まれる可能性を摘んでしまい、結局はその惑星のためにならない」、したがって「情けはかけてはならない」と文字通り（？）誤解するべきではなかろうか。つまり、「情けは地球のためならず」＝「温暖化防止はホモ・サピエンスを無益に延命させるだけで、結局はさらなる地球文明の発展と存続を阻害する」というわけだ。『猿の惑星』の如く、核戦争によって滅亡する程度の低レベル「人類文明」がより優れた「類人猿文明」にとって代わられることこそ、自然の摂理なのだ。[※9]

実際、我々ホモ・サピエンスはあまりにも虚弱体質過ぎる。地球史における稀な温暖期に限って繁栄できたに過ぎず、将来起こり得るわずかプラスマイナス20度程度の温度変動すら生き延びられそうにない。とすれば、その変動を人為的に食い止める努力など諦めて、突然変異と適者生存に従って摂氏60度だろうがマイナス30度だろうが、快適に過ごせる新人類に未来を託す方が、地球倫理にかなった英断に違いない。

もちろんこの「新人類」は狭い意味での生物である必要すらない。２０４５年には、人工知能が人間の知性を凌駕し、その後の進化は人工知能が主導する「シンギュラリティー（技術的特異点）」が到来するとの予想がある。それがいつ、どのような形で実現するか、私には皆目予想できないものの、いずれそのような時代がやって来ることだけは確実だろう。そして、その時点では、現在の我々が倫理的であると信じて疑わないホモ・サピエンス中心主義は、人工知能によって明らかに非倫理的な思想として糾弾されるに違いない。

無責任な考察を好き勝手に並べているように思われるかもしれない。それを否定する気は毛頭ないものの、独創的かつ異色で知られる量子計算理論の先駆者デイヴィッド・ドイッチュは、私など足元にも及ばない壮大な世界観で地球滅亡シナリオをバッサリ切り捨てていることを付け加えておきたい[※10]。

宇宙における我が地球文明はあくまでごく平凡な一例に過ぎないから、それに執着してせこい延命策を論じるのは非倫理的行為。だから、種としての天命を受け入れるべきだ、というのが厭世的な私の意見。一方、人間の創造力と知の可能性に全幅の信頼をおく徹底した楽観主義から、いかなる危機もその時期になれば完全に克服可能なのだから、せこい延命策など不要というのがドイッチュの意見。有限な資源を大切に使いながら生き延びるべきだとする静的社会観こそ持続不可能性の元凶。適切な知識さえあれば、自然法則で禁止されていないことはすべて達成可能であり、我々人間は必ずそれを実現できる。新たな知の永続的創造によって無限の資源を開拓することこそ、持続可能社会への道、などなど。かくも正反対の価値観でありながら、なぜか未来を抑制すべきではないという同じ結論に落ち着いているのは不思議である。

この天の川銀河内に満ち溢れているはずの高度知的文明が、未だこの地球を訪れた形跡がないのはなぜなのか？　このいわゆるフェルミのパラドクスに対する解答の一つが、「高度知的文明は極めて不安定でありすぐに滅亡するから」だ。２０４５年の地球の姿は、これが正解かどうか判断する有力な手がかりとなるかもしれない。ただそれ以前に、我々が地球外知的文明とコンタクトしてしまう可能性もある。宇宙倫理学の専門家養成を急ぐ必要がありそうだ。

※　※　※

1　**高度知的文明**：高度知的文明の定義は曖昧である。ここでは、「宇宙に電磁波の信号を送ることで自らの存在を伝え、逆に信号を検出することで同様の他の文明の存在を認識できるだけのレベルに達した文明」あたりを定義としておこう。地球の場合には、そのレベルに達して約１００年ということになろうか。

2　**声高に主張**：無論、「声高」なのは私の自己責任である。

3　**科学的推論を披露しているに過ぎない**：と同時に、この件に関して、私にわざわざコンタクトをとる意味がないこともご理解頂ければ幸いである。かつて詳しく述べたように、私の研究室の電話は、留守電応答に設定されており、登録された番号でない限り何度電話をかけてこられても通じない。

4　**適温惑星**：通常はハビタブル惑星と呼ばれることが多い。しかし私は本シリーズにおいて、その分野の専門家が用いているハビタブル惑星という単語が如何に誤解を生みやすい不適切なものであるか、繰り返しさんざんこき下ろしてきた。そこで、最近一部で用いられるtemperate planetという単語の訳として、以下では意図的にもっさりとした「適温惑星」を用いることにする。

5　**１０００億個の銀河**：かなり大雑把な推定ではあるが、これらの数字の根拠を知りたい方は是非とも拙著『ものの大きさ』（東京大学出版会、２００６）をお読み頂きたい。残部僅少かつ増刷の見込みはないので、ひょっとするとアマゾンでプレミアがつく稀少本となるかもしれない（ただし保証の限りではない）。

6　**高度な知的文明の数の推定**：コペルニクス原理をもちだすのならば、多数の太陽系外惑星が発見されているという観測事実自体、あまり重要な意味はなく、それなしでも同じ予想ができるではないかと考える読者もいるだろう。論理的にはその通りである。しかし、系外惑星の発見はまさにこのコペルニクス原理の有効性を納得させ、したがってこの後に私が述べる主張の信頼度を格段に高めてくれるものである。

7　**倫理は進化論的に獲得された**：例えば、戸田山和久『哲学入門』（ちくま新書、２０１４）。科学哲学には常日頃懐疑的かつ不信感を隠せない私でも、この本にはなぜか共感を覚える。著者特有の巧みな語り（騙り？）にだまされているだけかもしれない。

8　**ネアンデルタールの倫理**：発展とは何か、という哲学的な問いを持ち出して、この論理に反論する人がいそうな気もするが、それには一切耳を傾けない。文脈を正しく判断すれば、私が決して「人種」差別しているわけではないと正しく理解して頂けるはずだからだ。それはこの先の議論を読んで頂ければ明らかだろう。

9　**類人猿文明**：実はこの初稿を書いてから、新しい映画の三部作『猿の惑星：創世記』、『猿の惑星：新世紀』、『猿の惑星：聖戦記』を出張中の機内で鑑賞する機会があった。そこでは、ひ弱な人類がより高い適応力をもつ類人猿（英語ではapeでありmonkeyとは区別されている。したがって、映画のタイトルで猿と訳すことに憤慨する動物学者は少なくない）を駆逐すべく懸命に戦う、との構図が明確に描かれていた。まさに「非倫理的な」人類至上主義の典型である。結果的に類人猿を生き延びさせたこの監督は、正しい地球倫理観を備えているようだ。

10　**足元にも及ばない**：『無限の始まり　ひとはなぜ限りない可能性をもつのか』デイヴィッド・ドイッチュ著、熊谷玲美・田沢恭子・松井信彦訳（インターシフト、２０１３）

みんな大好き並行宇宙

長年、物理学とか天文学などをやっていると、無限大という概念に向き合わざるを得ない。それどころか、それらの概念をどや顔で学生に講義したりもする。しかし、数学上はともかく、現実世界においてそのような概念が本当に実在するのだろうか。無論、あくまで数学における理想化に過ぎないと解釈している分には困ることはない。物理学に登場する無限大とは、あくまで現時点の観測精度の範囲で無限大とみなしても差し支えない、すなわち「近似的にはほとんど」無限大という意味でしかないならそれで良し。しかし全く逆に、この自然界は我々の想像以上にはるかに数学的であり、まさに厳密な意味での無限大が実在する、との過激な思想もあり得よう。真面目に考え始めると本当に悩ましい。今回は一緒に悩んでもらえる同志を募ってみたいのだが、あらかじめお断りしておくと、以下では想像を絶する大きな数が登場する。途中でめまいを感じたり体調が芳しくないと思われたりしたならば、無理をせずただちに目を閉じて休息していただきたい。

（1）宇宙の大きさ

機会があるたびにいろいろな場所で連呼しているのだが、宇宙が点から爆発して生まれたというのは大きな誤解である。[※1] 宇宙膨張を説明する際に頻繁に用いられる風船の図、さらには、そもそもビッグバンという単語自体が、あたかも点が爆発したイメージを与えてしまっているためであろう。

もしも本当に遠くの一点から爆発して生まれたのだとすれば、そこから我々に届く光はある特定の方向だけからやってきて、かつ一瞬で通り過ぎるはずだ。ところが、ビッグバンの名残である宇宙マイクロ波背景輻射（128ページ「138億年前の光」）は全天のあらゆる方向から等しく、しかも常に降り注いでいる。これは、どの方向でも、かつそのさらに奥でも同時にビッグバンが起こっており、光の伝搬速度が有限であるために、より遠くからの光が遅れながら我々の地球に次々と到着しているからに他ならない。

このことから、「宇宙は点が爆発した」との誤ったイメージとは全く逆に、「ビッグバンは極めて広大な空間領域で同時に起こった現象」であることがわかる。実は標準宇宙モデルによれば、宇宙は体積が有限ではあるが果てがない、[※2] あるいは体積が無限大である、の2つの場合に限られる。そして観測的には、有限であるとしても現在観測できる宇宙の大きさの10倍程度以上でなくてはならないとの制限が得られているという意味において、「ほぼ」無限大であると言っても良い。

この状況をさして、私は意図的に「宇宙は誕生した時から無限大だ」と説明してきた。これは「宇宙は点から始まった」との誤解を払拭するための強調でもあるのだが、この無限大が、近似的なものなのか、あるいは数学的な意味での厳密な無限大であるかについてはあまり深く考えたことはない。おそらくこれからいくら観測が進んで制限が強くなろうと、数学的な意味で無限大である証拠が得られる可能性は皆無だろう。

そんなことはどうでもいいような気もするが、実は以下で述べるように、突き詰めていくと「ほぼ無限（メチャクチャ大きい）」と「無限」とでは、畏るべき違いが生まれる。

（2）有限と無限

これまたよく誤解されているようだが、天文学者は「宇宙」という単語を、「現在我々が観測可能な範囲内の領域」と、「その先にまで広がっている（はずの）全宇宙」の、異なる2つの意味で用いている。自分たちは区別しているつもりでも、舌足らずの説明のおかげで、人々を混乱させていることも少なくない。

そこで今回は、前者を我々のユニバース、後者を我々のマルチバースと呼んで区別する。※3

わざわざ「我々の」をつけたのは、後述のように、我々が住んでいない別のユニバースやマルチバースが存在しているかもしれないからである。

現在のユニバースの年齢は１３８億年である。したがって、現在観測可能な範囲は、光が１３８億年かかって我々に到達可能な空間領域に限られる。これは、我々を中心とした半径１３８億光年[※4]の球の内部であり、地平線球と呼ばれることもある。

しばしば、「宇宙の外には宇宙があるのですか？」と聞かれることがある。もしもこの２つの宇宙が同じ意味であるならば、質問自体が論理矛盾している。したがって正確には「我々のユニバースの外には別のユニバース、あるいはマルチバースがあるのですか？」と解釈すべきなのだろう。その答えは、少なくとも前者に限れば、確実にイエスである。

すでに述べたように、我々の住むマルチバースの体積はほぼ無限である。したがって、半径１３８億光年のこのユニバースの外には、ほぼ無限個の別のユニバースが連なっているはずだ。仮に今からさらに１３８億光年経てば、隣のユニバースも我々が観測可能な地平線球内に入る。その結果、我々のユニバースの定義が拡大して半径２７６億光年の球となる。[※5]原理的には時間が経てば経つほど観測できる地平線の範囲が広がり、このマルチバースの中で我々のユニバースが占める立ち位置も徐々に明らかになってくるはずだ。

ここまではマルチバースの体積が「無限」なのか、「ほぼ無限」なのかによる違いはあまりない。我々のユニバースの体積が有限ということだけが重要だ。有限体積のユニバースは有限個の素粒子からなっている。その意味において、このユニバースは有限個の自由度で記述し尽くせるように思われる。

　もう少し具体的に考えてみよう。我々のユニバースの質量は太陽質量の約10の22乗倍である。[※6] これは陽子（水素の原子核）にして10の80乗個にあたる。陽子はパウリの排他律と呼ばれる法則のために、10のマイナス13乗センチメートル以下の距離には近づけない。その長さを一辺とする立方体の箱は、我々のユニバースに約10の１２０乗個詰め込むことができる。その箱の中に陽子を入れるか入れないかの2通りの可能性を考えると、２の10^{120}乗個の異なる選び方がある。我々のユニバースは、その中で、ある特定の10の80乗個にだけ陽子が配置された場合に対応すると考えられる。とすれば有限の自由度しかもちえない。その場合、我々のユニバースを含むマルチバースが真に無限の体積（ほぼ無限ではなく）をもち、その中で陽子が完全にランダムに配置されているならば、そのどこかには有限体積の我々のユニバースと全く同一の配列をもつ別の有限体積のユニバースが（しかも無限個）存在するはずだ。

（3）アナログとデジタル

上述の結論は、我々の住むマルチバースが本当に無限の体積をもつならば、その中に存在するはずの、我々のユニバースと同じ体積をもつ別のユニバースの2の10^{120}乗個に1つは、我々のユニバースのクローンコピーだということだ。この数値はかなり適当なので暗記する必要はないものの、我々のユニバースが有限の自由度で記述し尽くされるのならば、無限の空間にはまったく同一のものが無限個繰り返し登場するという結論は避けられそうにない。

次の疑問は、そのコピーはどこまで我々のユニバースと同じなのか、あるいは似てはいても所詮ちがうものなのか、である。10の80乗個の陽子の配置が完全に同一であるということは、まさにこの瞬間の宇宙の全天体の分布はおろか、太陽系、地球、日本、皆さんなどありとあらゆるものの物質分布が完全に一致していることに他ならない。ただそっくりというだけでなく、物質配置という観点からは完全に同一なのだ。さて、それでは、私の脳細胞から神経の細部に至るまで全く同じコピーが存在するとして、その「私のコピー」はこの「私」と異なる考え方や記憶をもっていることがあり得るだろうか。

この問いに対する答えは、人それぞれだろう。心が完全に物質に帰着できるのかという大問題である。しかし、大多数の科学者は、その私のコピーはこの私自身と区別できないという不愉快な結論を、不承不承認めるのではあるまいか。つまるところ、この私の意識はなんらかの形で、脳や神経系など、私を構成する全物質のネットワーク内に閉じているはずだからだ。意識がどこに宿っていると特定することはできないにせよ、この私を構成する物質の外に宿っているはずはない。[※7] 同様に、全物質の配置が完全に同一の別のユニバースは、このユニバースと原理的に区別できないことになる。知的生命が存在するならば、それらの意識まで含めてである。

ところで、ここまでの議論は、有限個の粒子からなる系は有限の自由度しかもたないことを前提としている。言い換えるならば、全ての粒子系の状態あるいは情報はデジタル化されており、その取り得る範囲が決まっているという仮定だ。しかし粒子がもつなんらかのパラメータの値の範囲が有限でなければ、デジタル化していても可算無限個の自由度をもつことになる。さらに仮に有限範囲であろうと、その中の任意の実数値（可算無限自由度では尽くせない）を取り得るかもしれない。つまり、このユニバースがアナログ的な性質をもつのであれば、全物質の配置が完全に同一の別のユニバースの存在を認めたとしても、それはこのユニバースと同じとは限らない。というわけで、これまた考え始めると頭が痛くなるのである。

（4） 並行宇宙

自然界に厳密な意味でのアナログ的要素が存在しているかどうか。これまたあまりに大きな問題で私には全くわからない。少なくとも、物質世界に関する限り、すべては素粒子から成っているという意味では、デジタル化されていると言って良かろう。さらに、時間や空間にもまた最小単位があり、その整数倍しか許されないと主張する理論も存在する。仮にそれらが正しいのならば、やはりこの自然界は全てがデジタル化されていると言って良さそうだ。一方、そうでないとしても、任意の精度でアナログ宇宙を近似できるデジタル宇宙はありそうだ。「任意の実数に対して、任意の精度でそれを近似する有理数が存在する」といった数学の定理を40年以上前に習った気もするし……。[※8]

さて、今までの議論を組み合わせると、「並行宇宙は実在する」という驚くべき結論が導かれる。この結論に至る重要な3つの仮定は以下の通り。

＊我々の住むマルチバースの体積は無限である

＊そのマルチバース内にある無限個の異なるユニバース内では、物質が完全にランダムに配置される

＊我々の住むユニバースは有限自由度で記述し尽くされる

異論があるのも承知の上で言うならば、これらはいずれも不自然だとは思えない。そしてこれらが正しいと認めてもらえるならば、我々のユニバースからはるか彼方で事実上決して知ることができないような場所に、我々と全く同一の並行宇宙が、しかも無限個！、実在しているはずなのだ。

仮に3番目の条件を若干緩和したとしても、我々のユニバースとどこまでも似たユニバースは存在している可能性が高い。例えば、そこには、日本国西京都文教区に勤務する私もどきが、S大出版会の広報誌UQにくだらない連載をしており、その担当編集者がR嬢となっているかもしれない。

(5) 知性の存在しない宇宙

いずれにせよ、我々の宇宙が「ほぼ無限」なのか「無限」なのかは、畏るべき違いを生むことがおわかり頂けたであろう。「数学的な意味での」無限が実在するはずはなく、したがって並行宇宙も存在しない（存在する必然性はない）。これは明らかに常識的な解釈である。でも同時につまらない。

（1）から（4）で述べたことは、私が10年以上前から暇に任せて考えていたことなのだが、最近読んだマサチューセッツ工科大学物理学教授マックス・テグマークの著書（脚注

3参照）において、はるかに明確にしかも深く論じられていたことに触発されて今回書いてみた。テグマークはその著書で、純粋に数学的な構造には必ずそれに対応する宇宙が実在するという過激な思想を展開している。つまり、数学で無限という概念が無矛盾に存在するのであれば、それは現実の宇宙として必ず実在しているはずだ、という主張だ（と思う）。さすがにこの主張にはにわかに同意しがたいものの、逃れられそうにない魅力を感じるのもまた事実だ。

それはそれとして、この宇宙（少なくとも我々のユニバース）の自然法則や数学的構造を理解し、その実在を確認できるのは、知性が存在しているからに他ならない。しかし我々のような知的生命が存在していようといまいと、このユニバースが実在していることには変わりない、というのが素朴な実感である。それを認めるならば、仮に、知性が誕生しておらず、したがって決して確認されないものの、我々のユニバースとはかけ離れた法則や秩序をもつ宇宙が「実在」するという主張と、この我々が頭の中で、そのような法則や秩序をもつ宇宙が存在するのではないかと「想像」することには本質的な違いはない。つまり、数学的構造の存在と、それを具現した宇宙の実在とは同値に過ぎないような気がしてくる。これこそ上述の「純粋に数学的な構造には必ずそれに対応する宇宙が実在する」というテグマークの主張に他ならない（と思う）。無矛盾な数学的構造の存在とそれ

を具現化した宇宙の実在とは、互いに必要十分条件の関係なのではあるまいか。[※9]

さて今回はかなりハードかつメタな話題になってしまった。最後まで我慢してお付き合い頂いた読者の方々に心から感謝申し上げたい。今回の雑文、特にその後半の怪しげな議論の信憑性はともかく、我々人類が存在するおかげで、この宇宙（マルチバース）の実在が確認されている事実は確かだ。その意味において、我々はこの宇宙そのものに対して信じがたいほど重要な貢献をしているのだ。我々もまんざら捨てたものではないとの、前向きなメッセージにだけでも合意して頂ければ幸いである。

※　※　※

1　**無と無限大**：『宇宙人の見る地球』（毎日新聞出版、2014）「0×∞≠0」参照。無限大はもちろんだが、生まれた時から有限の体積の宇宙が実在したと言われても到底納得することはできまい。その意味では、根源的には「宇宙は無から生まれた」と主張するしかない。実際、そのような仮説は存在するが、その真偽は（今のところ）誰もわからない。一方、この「無」が数学的な点なのか、といった疑問を考え始めると、数学的な意味での無限大は実在し得るかという今回の問題と同じ疑問に帰着する。いずれにせよ、いわゆるビッグバンは宇宙の誕生に伴う現象ではなく、誕生後の宇宙に起きた出来事だとするのが標準的な宇宙論の考え方である。

2　**有限であるが果てがない**：空間の次元を一つ下げれば、2次元球面のようなものである。この球面上の2次元世界に住んでいる人間が観測すると、任意の場所は全く同等でありかつどこまで行っても端はない。ただしやがて元の場所に戻ってくる。これを3次元空間のなかにある球だと考えてしまうと、球の外があるように誤解してしまう。これこそが、宇宙は点が爆発して生まれたとのよくある誤解の原因でもある。

3　**我々のユニバース**：ユニバースには、「単一」という意味の接頭辞ユニがある。これを「多」を意味するマルチに置き換えたのがマルチバースで、異なるユニバースの集合といった意味でしばしば用いられる。ただし、その定義は人によって様々だ。本文中で用いたマルチバースは、マックス・テグマークによる分類のレベル1マルチバースに対応する概念である。実はこのレベル1に限っては、わざわざマルチバースと呼ぶ必要はなく、我々が存在する半径138億光年の地平線球を含む、本当の（無限体積の）宇宙と呼べばいいのだが、あえてここでは、ユニバースとマルチバースと明示的に区別して呼ぶ。より詳しく知りたい方は是非とも彼の著書『数学的な宇宙　究極の実在の姿を求めて』（谷本真幸訳：講談社、2016）を読まれることをお勧めする。最近読んだ本の中でダントツの面白さであった。しかも私が過去10年間、様々な場所で用いた喩えや思考実験と同じことが述べられていることに驚かされた（むろん残念なことに、彼ははるかに深く優れた考察にまで達しており、私など足元にも及ばないのだが）。

4　**半径138億光年**：宇宙は膨張しているので、光が出発した地点も現在ではより遠くになっている。このため、より正確には、現在観測可能な領域の半径は138億光年ではなく460億光年となる。ただし、今回の議論においてはこの3倍程度の違いはどうでも良い。初稿を読んだT嬢から「この違いをちゃんと説明してくれないとわかりにくい」と指摘されたのだが、そんな野暮な計算を説明してしまうとかえって読者が離れるだけである。ちゃんと計算すればでてくる係数の違いなのだと信じて、先を読み進めてほしい。

5　**半径276億光年の球**：より正確には宇宙がどのようなスピードで膨張しているかに依存して値は異なるし、場合によっては観測できる領域が拡大しないこともありうるが、ここではごく単純な場合のみを想定した議論にとどめておく。

6　**10の22乗倍**：例えば、拙著『ものの大きさ』（東京大学出版会、2006）の「付録　大きな数と小さな数」参照。

7　**意識は私の外にない**：この意見には、反対を通り越して怒りを覚える方もいらっしゃるかもしれない。しかし、人間もまた有限自由度で記述し尽くせる存在に過ぎないのだ。ブルゾンちえみのおかげで、全日本国民の常識となりつつある「人間の細胞の数は60兆」を思い起こしてほしい。これまたT嬢から「最近は37兆という説もあるそうです」と指摘があった。しかしそもそも、この数値が概算に過ぎないことはほぼ自明である。138億と460億、あるいは60兆と37兆の違いなど無意味だと判断するセンスこそ科学者には必須なのだ（このあたりは数学者のセンスと全く相容れないかもしれないが）。

8　**40年以上前**：久々に駒場のS先生の顔が浮かんできた。多分間違っていないと思うのだが、表現が厳密ではない可能性は高い。

9　**実数を有理数で近似する**：S先生に「ごく基本的な数学の論理が理解できていませんね」と叱責されそうな気がする。ま、物理屋の論理性など所詮この程度だと考えてご容赦頂きたい。でなければそもそも並行宇宙などというテーマで文章を書けるはずがないではないか。

再現性のない世界

ＳＦ作家（の卵）となったＴ君としゃべる機会があった。彼は十数年前に私の研究室で半年間、学部４年生のための宇宙論ゼミに参加していた。学部卒業後、東京Ｇ大学へ再入学し卒業した。その後、ＳＦ作家を目指して精進を続けた結果、見事に某ＳＦ短編賞を受賞し、念願のデビューに至ったとのこと。今後の小説のネタ探しをかねて、いろいろな人のところをまわっては話を聞かせてもらっており、今回は私のところを訪ねてくれたというわけである。※1

私「お久しぶりです。ＳＦ作家になったというのもすごいけど、物理学科卒業後、Ｇ大に再度入りなおしたというのもすごいね。昔から絵を描くのが好きだったの？」

Ｔ君「いえそうではありません。ぼくが再受験した美術学部芸術学科は、美術史や美学の研究をするところなので小論文で受験ができるんです。Ｇ大のそれ以外の学科はセンター試験はあまり関係なくて、実技試験だけで決まるような世界ですが」
私「へー、G大にもそんな学科があるんだね。でもそれとSF小説とはどうつながるの？」
T君「G大には芸術としての小説を考えようと思って入ったんです。幸いなことに、G大は互いの作品について学生も教員も議論する風土があって、ぼくの小説もボロクソに叩かれてばかりでしたが、とにかく読んでくれる人はたくさんいました。その頃は純文学を書いていたんですが、物理学や天文学の知識を交えた比喩表現を使ってみたら、そこだけは良いねと言ってくれる人もいて、卒業後に思い切ってSFを書いてみたら良い結果が出たんです」
私「なるほど、物理を学んだことが思わぬところで役に立ったわけだ。といっても、SFにはかなり高度な物理の知識を用いたものもたくさんあるし、まだ誰も考えていないものを創りだすのはとても難しいよね」
T君「というわけで、何かヒントになることを求めていろいろな方にお話をうかがっているわけです」

といった調子で、昔話も含めていろいろとだべっているうちに、結局我々の世界は、どこまでが必然でどこからが偶然なのか、という私の好きな話題に落ち着いた。むろん、正解は知らない（というか正解が存在するかどうかすらわからない）。

すでにいろいろなところでカムアウトしているのだが、私は「世の中からできる限り偶然をなくしたい派」である。といっても、この地球が太陽から遠すぎず近すぎず適度な距離に位置しているおかげで水が液体として存在できること、さらには約6500万年前に巨大隕石が地球に落下し恐竜が絶滅したおかげで人類が繁栄できるようになったことなどはいずれも偶然だと言わざるを得ない。その意味において、この地球における生命の誕生から人類文明への進化はまさに偶然の産物である。

しかしである。宇宙は広いことを忘れてはならない。確かに、よりにもよってこの地球でそのような事象が起こったのは偶然だろう。一方で、そのような偶然が起こる確率がゼロでない限り、この広い宇宙のどこかではそれが実際に起こること自体は必然と言うべきである。これこそ0×∞（無限大）≠0という優れた警句の本質にほかならない[※2]。

つまり、それを偶然と呼ぼうと奇跡と呼ぼうと、それが物理法則に矛盾していない限り起きる確率はゼロではなく、したがって、この無限の宇宙のどこかでは必ず実現するはずなのだ。その意味では、宇宙が誕生しこの世界を支配する物理法則が確定した時点で、そのどこかでやがて生命が誕生し、進化し知的生命になり、文明社会を構築、ケータイヤスマホをつくりあげることまで、すべては必然なのだといえる。

私のこのような世界観を支えているのは「物理法則で禁止されない事象は必ず実際に起こる」という、物理屋に共通しているとおぼしき敬虔な信仰である。さらに、その源流をさかのぼるならば、この世界は再現可能だ、という驚くべき性質に帰着するのではあるまいか。

実験や観測を繰り返すことで、仮説や理論を定量的に検証できる。これこそが自然科学が他の学問と大きく異なる点であり、自然科学が信頼でき、さらに進歩できる理由でもある。[※3]そしてそれを支えているのが、自然科学現象の再現可能性である。通常この再現可能性自体は自然法則とは呼ばれない。だがよく考えてみると、あらゆる自然法則の背後に控えている、より根源的なメタ法則と呼ぶべきではないかとすら思えてくる。ただし、一口に再現可能性といっても、その指す内容は多様である。そこでまずその意味の分類から始めてみよう。

（1）環境の違いに鈍感な現象

現象の背後に必ずなんらかの法則が控えていることの典型例は、ニュートンの法則であろう。高校物理の教科書の最初に登場し、ほとんどの生徒を物理嫌いにすることで有名なボールの投げ上げ運動を思い出してほしい。

地球上の重力加速度のもとで、初期速度と初期座標を与えて運動方程式を解けば、その後のボールの運動が予言できる。そしてこれは実際の実験結果を正確に説明する。なるほど、この世界は法則に支配されているのだなあ、と納得させられる。純粋な若者ならば感激のあまり、物理学者となって清貧な生涯を送ることを夢見たりするかもしれない。

しかしこれは空気抵抗を含む無数の効果が無視できる状況に限る。様々な球技で素人の予想を裏切るようないやらしい変化球を駆使できるのは、まさにそれらの効果である。[※4]つまり我々が身近に実験できるパチンコ玉のような「小球」の運動が、それらの効果を無視して十分正確に記述できるのは、我々が住んでいる環境では、「たまたま」小球の重力が空気抵抗よりはるかに大きいおかげなのである。

ではそうでない世界に住んでいたらどうなるか。すでに混乱してきたに違いない読者のために、我々が海底人であると仮定して話を進めてみたい。[※5]海の底に広がる文明世界でボール投げ実験を行い、その結果を予想し検証することで、背後に法則があることに思い当たるだろうか。

そもそもボールの密度によっては、海底に落下するのか上昇するのかすらわからない。さらに場所と時刻ごとに異なる水の流れに影響されてボールの進路は大きく曲げられる。

海底のピサの斜塔から物体を落とせば、大きな物体ほど遅く落下するという結果が得られるだろう。りんごに至っては、ほとんど天に向かって上昇する。このようにささいな環境の違いが結果に大きな影響を与えるような世界では、日常経験だけから普遍的な法則の存在を突き止めるのは至難の業である。

逆に言えば、我々は（あまり細かいことを気にしない限り）身近な現象の再現可能性を実感できるような世界にたまたま住んでいるだけなのだ。そしてこれは決して自明ではなく、不思議なことなのである。

(2) 複雑な現象の背後に潜む単純な原理

（1）とは似て非なるものとして、完全に決定論的な単純な法則にしたがっているにもかかわらず、その現象の予測が実質的に不可能である場合も存在する。典型例は重力の逆2乗則の下での3体以上の「小球」の運動である。

ケプラーは、太陽系内惑星の詳細な観測データから、経験的にいわゆるケプラーの3法則を発見した。やがてそれはニュートンの重力の逆2乗則という、より上の階層の基礎法則によって説明されることになる。これは、我々の太陽系が、巨大な質量を持つ太陽の周りを、はるかに小質量の複数の惑星が互いに独立に運動している2体系の重ねあわせとして精度よく近似できるという偶然のおかげにほかならない。

仮に複数の恒星と複数の惑星が互いに同程度の重力を受けながら運動している場合、それらの運動は極めて複雑なものとなり、決して一般的な予言をすることはできない。仮に我々がそのような系に住んでいたならば、惑星の運動をいくら詳細に観測したところで、その背後に重力の逆2乗則という信じがたいほど単純かつ決定論的な法則が潜んでいることを突き止めるのは不可能であろう。

何やら非現実的な話をしていると思われるかもしれない。しかしすでに2つの「太陽」を持つ太陽系外惑星系は数多く発見されている。また、私がしばしばとりあげるアシモフのSF短編小説『夜来たる』では、6つの太陽を持つ惑星ラガッシュが舞台となっており、そこに住む人々の世界観が背後の法則の理解とどれほど密接に関係しているかが、簡潔かつ鮮やかに記述されている。

このような例を持ち出すまでもなく、よく知られているように、地震や天気に代表される自然現象は基本的には予測困難である。そしてそれは、我々の無知というよりも、それらの現象を支配する少数パラメータの微小な変化が結果を劇的に変えてしまうという、決定論的な物理法則の持つ不思議な性質の帰結にほかならない。

このように、実際には再現可能とは思いがたい現象であろうと、原理的にはやはり再現可能な（決定論的）法則に支配されている。

（3）いつでもどこでも同じルール

では、その法則は本当に、いつどこで何に対しても厳密に同じなのか。ここまで詰問されると、物理学の精密実験の最前線テーマと言っても良い。もちろんあらかじめ言っておくと、現時点ではそれを疑う結果は何一つ知られていない。

もっとも簡単な例として再び重力の逆2乗則をとりあげてみよう。例えば、質量Mの太陽から距離dの位置にある地球が受ける重力の大きさは$F = GM/d^2$で与えられる。その比例係数Gが重力定数である。

厳密に言えばこのFの大きさは場所と時間によって変化する。太陽は常に光としてエネルギーを放出しているのでその質量Mは毎年約10の14乗トン程度減少している[※6]し、地球は完全な円軌道を公転しているわけではないので、太陽との距離dもまた1年間で100万キロメートル程度変化する。したがって地球と太陽の間に働く重力の大きさFは時々刻々変化しているのだが、定数であるGは常に変わらない。法則の普遍性という場合には、このような基本物理定数の時間的不変性を指すことが多い[※7]。

さて、このように分類された再現可能性という言葉の意味を振り返ると、それらはいずれもその必然性は薄いような気がしてくる。なぜよりにもよって、我々の日常生活は完全に再現可能である（かの如く振る舞っている）のか？

「物理定数は定数か？」というキャッチーな問いかけは、理論的にも実験的にも様々な方法で考察あるいは検証されており、現時点ではいかなるズレも認められていない。[※8] にもかかわらず、それらが時間にも場所にも依存しない定数でなくてはならないという理論的必然性はない。宇宙初期や宇宙の果てでは、このGの値が我々の知っている値とは違っている、と想像してみるのも一興である。

また、原子レベルの微視的世界は「量子力学」に支配されており、そこでは、厳密な意味での個々の現象の再現可能性は保証されていない。決定論的世界観はもはや成り立たず、確率的な議論しかできないのである。とすれば、巨視的な現象もまた決定論的ではない基本法則にしたがっているような別の世界が、どこかに存在しても良いのではあるまいか。

結局のところここまでの話は、物理屋の間でよく知られている物理法則の性質とそれにまつわる不思議さをくどくどと説明しただけに過ぎない。つまり、法則が再現性を持っているのはなぜか？　という問いには答えられないのである。だからこそ逆に、再現性のな

い世界では何が起こるかを考えることこそSF小説の独擅場となるのだろう。※9

したがって、ここでは本格的SF小説にふさわしい壮大なスケールの話を展開するのは諦め、小ネタ程度の思いつきを列挙するにとどめておこう。

（A）ゲームや賭け事が公平になる

ゲームや賭け事は、ある種の熟練と運によって勝敗が決まる。サイコロはいうまでもなく、ルーレットにしても、基本的には決定論的法則にしたがっているので、熟練によって好きな目を出すことは不可能ではない。ルーレットはさておき、少なくともサイコロ程度ならばその道の達人が存在するはずだ。サイコロの目がそれぞれ6分の1の確率となるのは、振り方を制御できない素人だけなのだ。しかし、再現性のない世界では、そのような熟練は意味をなさない。その結果、詐欺行為は不可能になるので、丁半、チンチロリン、ルーレットなどの運だけを競う賭け事にうつつを抜かす善人には朗報である。一方、主として熟練度が勝敗を左右するはずのビリヤードや球技は、単に運を競うだけのゲームになってしまい魅力を失うであろう。

（B）事故が多発する

車の運転や農作業、機械工作など、一つ間違えば大きな事故を生み兼ねない現象は身の回りに溢れている。にもかかわらず事故があまり多くないのは、事故を防ぐための経験の蓄積の賜物だ。再現性のない世界では、この経験は何の役にも立たない。したがって、交通事故から原発事故に至るまで、あらゆる場所で事故は不可避である。再現性のない世界はとてつもなく危険なのだ。

（C）犯罪者が野放しになる

犯罪に対して故意か事故なのか判断が不可能になる。こうすれば死に至ることが予見できたはずだ、と主張したくとも、再現性のない世界では、物事の予測はできない。そもそも、いかなる犯罪者も綿密に計画を立てて殺人を実行することは不可能である。まさに下手な鉄砲も数撃ちゃ当たる方式しか成立せず、ゴルゴ13のような凄腕のスナイパーは失業し、稚拙な犯罪者は立件されないままで野放しになってしまう。

（D）科学者と占い師が同業者となる

冒頭で述べたように、科学の信頼性は法則の再現可能性によって担保されている。したがって、再現性のない世界では、そもそも科学的予測の信頼性は確実に下がる。とすれば、大学の理学部教員は大幅削減を余儀なくされ、失業した教員の多くは街頭に出て、世界の将来を予言する占い師として生計を立てざるを得なくなるだろう。一方、科学に再現性がなくなる以上、研究の捏造や不正といった概念すら消失してしまう。昨今話題となっている、理科系大学生に対する研究倫理教育は意義を失い、必修科目から選択科目へ降格、さらにはそもそも履修すら無意味になり消滅してしまうに違いない。

（E）他人のみならず自分すら信じられなくなる

私は常日頃から意見がぶれないことを誇りとして生きている。しかしこれはかつてどのような主張を展開したのか記憶しているからではない。自慢ではないが、たいていの場合、そんなことはすっかり忘れている。にもかかわらず、また一から考え直しても論理的に同じ結論に到達できるおかげで、いつも同じ意見を主張できるのだ。しかしながら、再現性のない世界では、考え直すたびに思考結果が変わってしまうに違いない。とすれば、すでに前回何を言ったのかすっかり忘れてしまう私の場合、必然的にコロコロ意見が変わってしまう。これでは他人からの信頼を得るどころか、自分すら信用できなくなる。※10

（F）社会不安が起きる

現代社会に満ち溢れている電子機器は、再現性のある作動原理に基づいて設計され、利用されている。それらの再現性がなくなると、社会は壊滅的な打撃を受ける。コンピュータが正確に同じ動作をするなど全く期待できない。本来再現性のあるはずのこの世界ですら、国民の年金支払い記録が消滅するような不可解な現象は相次いでいる。そのような信じがたい低レベル社会で、コンピュータすら信用できなくなってしまえば何を糧として生きていけばよいのだろうか。社会を基礎から支えているはずの信用という概念が消失してしまい、想像もつかないような社会不安が起こるに違いない。

このように、世界の物理的、文化的、さらに社会的な安定性は、元をたどれば自然法則の再現性によって保証されていることが確認できた。ここまで諦めることなく読み進めてきた少数の読者の方々は、再現性のある世界に生まれてきたことの幸せを噛み締めることができたに違いない。

再現性のない世界に人類はどのように立ち向かい、その社会不安をいかに克服するのか。そのような壮大なテーマの開拓はT君にお任せすることにし、とりあえず、今回の雑談が新人SF作家T君の近未来の大ブレイクに少しでも貢献することを祈るのみである。

※※※

1　**小説のネタ探し**：http://www.webmysteries.jp/sf/takashima1506-1.html　はT君自身による今回の雑談のまとめである。ちなみに、大森望・日下三蔵編『年刊日本ＳＦ傑作選　折り紙衛星の伝説』（東京創元社、２０１５）に、T君の短編が収められている。

2　**厳格な読者**：拙著『宇宙人の見る地球』（毎日新聞出版、２０１４）「０×∞≠０」参照。ちなみに、私よりも明らかに数学に強いと思われる読者の方から、これは無限小×無限大≠０と記すべきであり、０という記号を用いるのは不適切であるという指摘を頂いた。確かに仰る通りである。が、ここは一つ、見逃してほしい。

3　**自然科学は信用できる**：（一部の）科学哲学者が読んだらこの意見に眉をひそめるかもしれないが、議論しても時間の無駄なので、ここでは無視して進めることにする。もしも興味がある方がいらっしゃれば、私と伊勢田哲治氏の対談をまとめた『科学を語るとはどういうことか』（河出書房新社、２０１３）をお読み頂きたい。互いの不協和音の根深さが実感できるはずである。

4　**優秀な人間の末路**：このような効果は気にしなくても良いよ、という親切心から、物理の教科書では「ボール」の代わりに「小球」あるいは「質点」という言葉が用いられている。しかしそのような執筆者の善意を理解できない一部の偏狭な人間は、「小球とは何か」、「小とはどこまで小さいことを意味しているのか」、「球とはどこまで球であるのか」、「点はあくまで数学的概念に過ぎず、それを自然科学で取り上げるのは矛盾ではないか」といった問題ばかりに気が奪われてしまう。その結果、いつまでたっても肝心の物理法則の理解にまでたどり着くことがないまま高校を修了してしまい、物理法則とは物理学者が頭の中で考えた妄想である、という信念のもとに非科学的な人生を歩んでしまいがちである。選挙権が与えられる年齢までは不必要に物事を批判的に考えすぎず、素直に検定済教科書の内容を盲信して生きていくべきだという教訓なのかもしれない。

5　**海底人**：唐突な展開にますます話についていけなくなった方もいるかもしれない。しかしこれは記念すべき本シリーズ第1回における状況設定そのものなのである。拙著『人生一般ニ相対論』（東京大学出版会、２０１０）「海底人の世界観」を参照のこと。

6　**毎年約10の14乗トン**：この値は驚くべき大きさだと思われるだろうが、太陽の全質量は10の27乗トンなので、割合としては1年間にわずか10兆分の1の減少に過ぎない。我々の体重に換算すれば、毎年ハウスダスト粒子1個分の質量が減少する程度のことである。

7　**定数Gは不変**：さらに言えばFが常に距離の逆2乗ではなく、べき指数そのものが時間変化する可能性も考えられないことはないが、きりがないので、とりあえずここではそのような可能性は無視する。

8　**いかなるズレも認められない**：例えば、拙著『ものの大きさ』（東京大学出版会、２００６）の6・7節参照。

9　**ＳＦ小説の独擅場**：そもそも我々の世界では成り立っていない法則（まだ知らないだけで実は正しいものも含む）に支配されている世界を記述するのがＳＦ小説だとすれば、再現性のない法則を題材としたものは数多く発表されているのかもしれない。タイムワープ、パラレルワールド、人工知能、地球外生命などといったＳＦに定番の話は、ひょっとしたらあるかもしれない、というギリギリ感がいいのであって、あまりにもかけ離れた法則を考えてしまうと、かなりの文章力がない限り読者の方々の共感を呼びそうにはない。拙著『主役はダーク』(毎日新聞出版、2013)の巻末書き下ろし「ダーク星人の科学史」はその失敗例だったようだ。

10 **自分すら信用できない**:先日、ある学生から我々の研究に関係した興味深い論文が出版されていることを教えてもらった。そこで別の学生に「こんな論文が出ているようだが知ってるかい?」と聞いたところ、彼は数秒間の沈黙の後「あのー、この論文は1年ほど前にみんなで一緒に読みましたよね」と遠慮がちに答えたのだった。この衝撃的な経験を通じて、自分の記憶力が信じられなくなると、世界の見え方が随分変化することを痛感した。実は私が忘れているのではなく、私の外の世界が結託して私を陥れようとしているのではあるまいか。それはそうと、以来、その学生が私に対してなぜか優しく接してくれるようになったと感じられるのは単なる気のせいなのだろうか。

明日のことはわからない

世の中では誰も予想しなかったことがしばしば起こる。しかし、それらは決して物理法則に反してはいない。この人間社会で法律違反はさほど珍しくないが、自然界において法則違反は絶対あり得ない。[※1] 仮にそのような現象が発覚したならば、今まで信じていた法則の解釈こそが間違っていたのであり、修正されるべきだ。言い換えれば、物理法則に矛盾しない限り、どんなに可能性が低いと思われる現象であろうと、必ずやいつかどこかで実現するはずなのである。

この主張そのものは、本雑文シリーズの通奏低音ともいえるもので、すでに幾度となく連呼し続けてきた。にもかかわらず、２０１６年はその私ですら驚くような出来事のオンパレードであった。ブラックホール連星からの重力波初検出、熊本地震、イギリスのＥＵ離脱、ポケモンＧＯ狂騒、トランプ大統領誕生……。それらはいずれも、何となく明日もまた今日の繰り返し、と考えて過ごしていた能天気な私に多くの教訓を与えてくれた。その教訓の数々を元にいくつか具体的な応用を考えてみたい。

（1）地震は明日起こるのか？

地震調査研究推進本部は、今後30年以内に震度6弱以上の揺れに見舞われる確率を定期的に発表している。言うまでもなく日本国民の重大な関心事である。にもかかわらず、私にはこの「地震の確率」とは何か、全くわからない。科学において確率はもっとも基本的な量であると同時に、信頼度の高い推定は決して容易ではない。ごく大雑把に言うならば、あるモデルを仮定した上で、そこに登場するパラメータの値を予想される範囲で変化させて（数値）計算し、ある事象がどの程度実現するのか推定する、というのが一般的であろう。その場合、仮定されたモデルがどのようなものなのかを教えてくれない限り、得られた確率はなんとも使いようがない。

例えば、私がこれから10年以内に死ぬ確率を計算するためには、（a）日本人の死亡年齢分布に私の現在の年齢を当てはめる、（b）自分および両親の既往症と病歴から推定する、（c）血圧、血糖値、コレステロール値など網羅的な健康診断のデータから総合的に予想する、など様々な方法があろう。決して（c）がもっとも信頼できるというわけでもない。とはいえ、どの方法に基づいた確率なのかを理解しない限り、明日からの自分の人生に活かしようがない。[※2]さらに言えば、私が今後100年以内に死ぬ確率はどのように計算しようと間違いなく100%であるが、それはなんら有用な情報をもたらさない。[※3]

むろん専門家にとっては、公表されている「地震の確率」の意味は自明であろうし、それを知らない私が単に不勉強だと怒られるだけなのかもしれない。しかし、本質的に予言不可能と思われる地震という現象に対して具体的な数値を公表している以上、その計算の仮定と原理はわかりやすい場所で明らかにしておくべきだ。[※4]

常日頃こんな不満を感じているのは、私のような面倒臭い人間だけでもないようだ。2016年3月末に田舎の高知県安芸市に帰った際、中学時代の同級生7名でプチ同窓会をした。高知県では夕方6時45分の某国営放送ローカルニュースで、「南海地震ひとくちメモ」といったものがほぼ毎日放送されている。南海地震に対する県民の関心は関東圏とは比較にならない。そのためであろう、飲み会でもたまたまその話題になり、「今から30年以内に南海地震が起こる確率は70%などと言う人はずるい」と矛先を向けられた。[※5]

「えーと、僕は全く役に立たない系外惑星なんかを研究しているだけで、地震については全くの素人だし……」と責任逃れの弁明に終始しつつ、これは極めて鋭い指摘だと感心させられた。彼女は「70%ならば、30年以内に実際に地震が起ころうと起こるまいと、いずれも間違いというわけではない。したがってその発表には責任がともなっていない」と指

「地震発生70～80％」

30年以内 南海トラフ引き上げ 来月公表

政府の地震調査委員会は、関東から九州・沖縄地方までの広い範囲で被害が想定される南海トラフ巨大地震について、来年1月時点での30年以内の発生確率を現在の「70％程度」から「70～80％」に引き上げることを決めた。調査委が来月1日を算定基準日として再計算した結果で、来月中旬に公表する。

南海トラフ巨大地震はマグニチュード(M)8～9級と想定されており、発生確率は南海地震（1946年）を基準に、平均発生間隔を約90年として算出している。地震は一定周期で発生するとの前提で計算しているため、発生しなければ確率は時間の経過とともに増加する仕組みだ。

地震調査委員長の平田直・東京大教授は「年が変わって急に地震が発生しやすくなるわけではないが、刻一刻と迫っている表れでもある。いつ起きてもいいように備えてほしい」と話している。【飯田和樹】

南海トラフ巨大地震の確率公表（毎日新聞2017年12月29日）

南海トラフ地震の確率の意味に悩んでいる高知県の善男善女

摘しているのである。実際には、地震が起こる確率の計算法そのものの信頼度が高くないのは現時点に限った話ではなく、より正確な推定は原理的にもほぼ不可能にちがいない。私にもその事情はよーくわかる。しかしそれはあくまで研究者側の言い訳に過ぎない。もしそうならば、なぜ確率の値を発表しているのか、なぜさらに「確率が小さい地域でも決して油断しないように」とのコメントをしつこく加えているのか。まさに科学リテラシーのお手本ともいうべき彼女の素朴な疑問には責任をもって答える必要があろう。明日はどうなるのか、と悩んでいる高知県の善男善女の皆さんのためにも。

（２）自分の机は明日もそこにあるか？

早晩、人間の職業の大多数がＡＩにとって代わられる可能性が、真剣に論じられている。少し前までは、ごく限られた単純作業以外、ロボットが人間にとって代わることなどあり得なかった。しかし、極めて高度な知的活動であると信じられてきた将棋や碁においてすら、すでに人間はＡＩに歯が立たなくなっている。そのうち全てのベストセラー小説はＡＩが執筆する時代が来るかもしれない。完全な自動運転が実現するかについては議論が分かれているが、そもそもそれは人間が運転する車が混在するからであり、人間の運転を禁止すればかなりの問題は解決しそうだ。

こう考えてくると、私自身、残り少ない定年まで果たして失職しないでいられるのか。俄然、不安になってくる。たまたま「わたしの仕事、ロボットに奪われますか？」というＮＫ新聞の記事[※6]が目についたので、早速そのサイトを試してみた。[※7]選択肢から職業を選べば、その全業務内容がロボットによって代替できる割合がわかる。「種々の教員、インストラクター」を選ぶと、「全44業務中10業務、すなわち22・7％がロボットで代替できる」との回答であった。ちなみに、全職業８２０種類のうち代替できる割合は34・3％とのことなので、私は平均よりは失職の可能性が低そうだ。

とちょっぴり安心したので、もう少し詳細な診断をしてみることにした。それぞれの職業に対してリストアップされている具体的業務から、実際に担当している業務だけを指定すれば、より信頼性の高い結果を教えてもらえるのである。というわけで、私が実際に行っている14業務を選んだところ、今度は50％（7業務がロボットで代替可能）という判定結果になった。私が大学で行っている業務は、全職業のなかでもロボットで代替できる可能性が高い部類に入るらしい。

これといった根拠もないまま、大学教員はＡＩにはできない職業だと過信していた私にとって、これは結構な衝撃だった。ここまでくれば仕方ない。ロボットで代替できる業務とできない業務とは何か、一つずつ確認してみた。その結果、ロボットができる業務のほとんどは学生指導、評価、情報管理の類だった。これらはある程度予想できた一方で、「助成金の申請書を書く」もロボットで代替可能となっていたのは興味深い。誰が作成したのか知らないが、本質を突いていると言わざるを得まい。[※8]

ちなみに自動化できない職業の例としてあげられているのが、歴史家、鉱山の屋根用ボルト締め作業員[※9]、及び聖職者。これらは実際にできるかできないかという観点よりも、そのためのコストによって得られる経済的利益、あるいは社会的容認度からの判断らしい。それにしても、よくぞ鉱山の屋根用ボルト締め作業員という職業まで検討したものだ。また個人的には歴史家や聖職者はどう考えても完全に自動化可能としか思えないのだが、おそらく社会的には容認されないのだろう。ＡＩの意見だと思うと、途端にありがたみが感じられなくなるのが善良な人間なのかもしれない。

いずれにせよ、私の主業務である（とされている）「専門分野の本や論文を書く」という項目は、現時点では代替不能となっていた。しかし、将棋や碁の例を考えれば、いつどうなるかわからない。気がついたら、一流の研究成果はすべてＡＩによるもので、著者はそれを計算したり実験したりするためのロボットを購入するための研究費を獲得した人間という役割の時代になるやも知れぬ。それどころか「助成金の申請書を書く」がＡＩの得意技になるとすれば（その審査もまたＡＩでなされるであろうし）、研究費の獲得者もまたＡＩになるわけで、人間は、巨大実験装置のボルト締め作業のように、ロボットでも可能だがそれではコストがかかり過ぎる特殊作業だけにまわされてしまうことだろう。残念なことに、研究者（特に科学者や技術者）という職業の明日もまたわからない。

（３）地球外生命は見つかるか？

最近、「生命が存在する可能性のある地球型惑星発見！」といった類のニュースを耳にすることが増えた。これは正直、誇大広告というべきだ。先日も某国営放送のニュースを見た同僚の先生の一人から「ついに海がある惑星がみつかったそうですね！」と話しかけられ、あわてて「いえ、あれは、惑星表面の温度が摂氏0度から100度の範囲である可能性が否定できないといった程度の話です」と訂正した。しかし彼は「でもそのニュースでは海を発見したと言ってたような気がするなあ……」と、まだ怪訝そうな顔。私はそのニュースを見たわけではないが、そのような誤解を招く表現がされたのは事実だろうと想像する。それにしても、T大物理学科教授までもが誤解してしまうような言い回しはやはり不適切と言わざるを得まい。

そもそも、国民の税金を使ってなされる研究は、その成果を国民にわかりやすく説明する責任がある。といっても、本質的に難解で、専門外の方にわかりやすい説明が絶望的な分野も少なくない。私が所属している物理学教室の先生方がされている研究であっても、私が大まかにであれ理解できるのはせいぜい2、3割といったところだ。最先端の研究の進展は著しいし、それ自身は仕方ないのだ。

その一方で、結果が直感的でわかりやすい分野も存在する。系外惑星の発見はまさにその典型例である。おかげで、『ネイチャー』や『サイエンス』といった目立ちやすい雑誌はその方面の論文を掲載したがる。まずいことに、その類の雑誌に掲載されると、マスコミもまた取り上げたがる。しかもその際には、厳密さは犠牲にしてもインパクトのある、

4光年先に生命体？

英チーム　最も近い地球型惑星発見

【ワシントン共同】太陽から最も近い約4光年離れた恒星の周りに、地球に似た温暖な環境を持つ可能性がある惑星を発見したと、英ロンドン大クイーンメアリー校などのチームが英科学誌ネイチャーに発表した。太陽系外の惑星としては、これまで見つかった中で最も近い。生命がいる可能性もあるという。

惑星は、太陽から4・2光年と最も近い恒星「プロキシマ・ケンタウリ」の周りを回っており、チームは「プロキシマb」と名付けた。岩石でできており、重さは地球の1・3倍ほど。

プロキシマ・ケンタウリは太陽の7分の1程度の大きさで、発する熱や光も弱いが、惑星はこの星から約750万キロ（太陽—地球間の20分の1程度）という近い軌道を回っているため、温暖な環境とみられる。11日程度で1周するらしい。

地球から最も近い太陽系外惑星「プロキシマb」の想像図。左の星は恒星のプロキシマ・ケンタウリ＝欧州南天文台提供

チームは欧州南天天文台の装置などを使い、プロキシマ・ケンタウリを観測し、わずかに揺れていることを突き止めた。揺れているのは、周りを地球に似た岩石質の天体が回って引っ張っているためだと結論づけた。

現時点の技術ではプロキシマ・ケンタウリに到達するのに約3万年かかるが、宇宙物理学者のホーキング博士らは、光速の5分の1の速さで飛行し、この恒星系に20年程度で到達できる超小型探査機を開発し、生命体を探す計画を4月に発表している。

地球型惑星発見（毎日新聞2016年9月25日）

わかりやすい発表を行うことが、国民のためには絶対的な善なのだと容認されるらしい。

例えば、「ある星の周りに惑星が発見され、その半径と公転周期が推定された」ではインパクトがなさ過ぎると指導される。※10 その惑星の半径が地球の2倍以下であれば、ガスではなく岩石を主成分としている可能性が高い。さらに中心星の性質と惑星の公転周期から、惑星表面にどの程度、中心星の光エネルギーが到達しているかがわかる。とすれば、その表面温度も大雑把に推定できる。その温度が摂氏0度から100度の範囲ならば、仮に表面に水が存在するとすれば、液体の状態であろう。地球上での生命誕生には液体の海の存在が本質的であったから、そのような温度の岩石惑星をハビタブル（居住可能）惑星と呼ぼう。これなら国民に喜んでもらえそうだ。

かくして、先ほどの研究結果は「ハビタブル惑星の発見」とまとめられ、それを受けてマスコミは「生命が存在する可能性のある地球型惑星発見か！」とのわかりやすい見出しで報道してくれる。これは日本だけのことではない。NASAの記者発表などでは、優秀なイラストレーターが描いた陸や山、海があるハビタブル惑星「想像図」まで駆使した説明がなされる。あまりの完成度の高さに、それらを見た人々が、実際の画像と勘違いし、海はおろか生命の証拠まで発見されたのだと早合点してしまっても無理はない。

しかし実際には、海はおろか、十分な量の水が存在する証拠を持つ惑星すら未だ一つとして知られていない。また、上述の惑星表面温度の推定は大雑把過ぎて、詳しい気象計算をしなくては到底信じられる値ではない（そのような計算をしたとしても、仮定が多過ぎて明確な結論を得ることは困難だ）。そもそも「ハビタブル惑星」という単語自体からして、公正取引委員会で問題視されるべき不適切表現なのである。この意味において、「ハビタブル惑星発見」とのニュースを耳にしたとしても、地球外生命が発見される日が近いと勘違いしてはならない。

にもかかわらず、やはり明日はわからない。この瞬間にも地球外知的生命からの交信電波が届く可能性は決してゼロではない。そして冒頭に述べたように、物理法則に反しない出来事は、その可能性が限りなくゼロに近くとも、必ずやいつかどこかで実現するものなのだ。

万が一そのような電波が受信されたとした時の世界の対応は全く予想不可能だが、私は、現在の世界を不安にさせているテロや軍事的緊張がすみやかに解消されることを期待したい。高度の地球外文明の存在が明らかになった場合、我々地球人は一致団結して地球の平和を守る必要がある。そのためには、地球上で戦争などしている暇はない。つまり地球上に平和をもたらすためにも、一日も早く地球外生命、特に高度な地球外知的生命の存在を発見するよう全力で取り組むべきだ。

さて、明日のことがわからない理由は、つまるところ、世の中が本質的に不安定だという点にある。すべての結果には必ず原因があるという主張はおそらく正しい。無数の「原因」があり、それらが組み合わさった結果としてある現象が起こる。しかしながらその中のほんの一つの「原因」がわずかに変化しただけでも、結果はがらっと変わってしまう。したがって、ある出来事の原因を一つだけに特定することは不可能である。だからこそ、明日のことはわからないのだ。

これは世界的にはバタフライ効果[※11]という言葉で知られているが、日本では古くから「風が吹けば桶屋が儲かる」[※12]との名言で人口に膾炙している。その話から学ぶべきは、「桶屋が儲かっている」という現象の原因を「風」に帰着させる愚かさなのだろう。にもかかわらず、予想外の結果が出るたびに、ドヤ顔で後づけの屁理屈をこねくり回して説明したように見せかける人が後を絶たないのは情けないことだ。本来、明日のことはわからない。だからこそ今日が楽しいのである。

※　※　※

1　**大阪の法則**：よく知られた経験則「大阪では法律は単なる努力目標に過ぎない」は、この法律と法則の違いを見事に説明している（ちなみにこの経験則を発見したのは私ではなく、とある関西芸人である）。

2　**計算方法**：研究会や学会での発表後、「その確率はどうやって求めたのですか？」と質問されて、「コンピュータで計算しました」と平然と言ってのける学生は少なくない。「原理がわからないまま数値を示しても何の意味もない」と教え諭すのが教師の仕事なのである。しかし、地震の確率に関する限り、私もその学生と同じレベルでしかない。

3　**私が死ぬ確率**：初稿では50年以内としていたのであるが、T嬢から「110歳まで生きている男性もいらっしゃいますからね」とのコメント。というわけで、100年以内に修正した。数学科出身者の確率の定義は、物理屋に比べて格段に厳密である。

4　**地震の確率の計算**：と鼻を膨らませていたところ、校正時にUP編集長Kさんから、ただちにhttp://www.jishin.go.jp/main/chousa/17_yosokuchizu/yosokuchizu2017_tk_3.pdfに詳しい解説があると教えて頂いた。自分の怠慢を棚に上げて偉そうなことを言ってはいけない、と反省させられた。早速眺めてみてわかったのは、この震度予想は、どこかである大きさの地震が発生する確率と、その地震が起こった場合に各地でどのような揺れが起きるのか、の2つの計算からなっていること（ま、当たり前か）。後者に関しては、詳細なモデル化がされ具体的な計算手法も丁寧に説明されている一方で、前者についての記述はかなり短い。結局のところ、過去の地震の繰り返し周期から今から何年後にその周期に達するのかを引き算して推定しただけのようだ。確かに、それ以上の正確な計算が困難なのはわかるのだが、やはりその程度のレベルだったのか、うーむ（せっかくのK編集長のご指摘にもかかわらず、これ以上書き続けると多くの専門家を敵に回してしまいそうな気がするのでこのあたりでやめておく。皆さまどうぞご容赦くださいい。むろん、このあたりK編集長にもT嬢にも全く責任はありませんので、併せてご了解ください)。

5　**ずるい人**：もちろん彼女にとって、天文学者と物理学者と地震学者の違いはほとんどなく、地震の確率については同等に社会的責任を負うべき職業なのだ。これまたごもっともで、専門が違うからといって逃れられるものでもない。

6　**ロボットに奪われますか?**：https://vdata.nikkei.com/newsgraphics/ft-ai-job/

7　**たまたま目についた**：この「たまたま」の意味は曖昧であるが、決して勤務時間中に暇つぶしがてら眺めていたわけではない点をあえて強調したものと理解してほしい。

8　**助成金の申請**：この判定自身、AIによってなされた可能性もある。

9　**鉱山の屋根用ボルト締め**：ちなみに、この表現にもK編集長から「一体何を指しているのでしょうか?山全体にかける屋根、だとしたらその大きさは想像もつきません」との鋭い質問が……。具体的なイメージを浮かべないまま、記事中の単語をコピペしただけの私はこれまた反省させられた。鉱山の採掘穴に取り付けた天井くらいの意味ではないかと想像するが(全く自信なし)、そんなつまらない想像より、K編集長の解釈のほうがずっと楽しい。

10　**わかりやすい発表**：私の古くからの友人が宇宙マイクロ波背景輻射に関する新発見を、記者の前でプレゼンすることになった。彼が所属している米国の研究機関には、専門の広報担当者がいて、そのプレゼンの事前指導をしてくれる。その際にもらったアドバイスは「国民のために、その研究の方法や成果を、野球にたとえてわかりやすく説明すべし」だったとのこと。おそらく、「9回裏ツーアウト満塁で迎えた9番打者が起死回生の逆転ホームランを打った」などの類の比喩を用いて、研究のインパクトを伝えろという意味だったのだろう。しかし残念ながらその友人はポーランド人であり野球のルールを全く知らず、ただただ途方に暮れてしまったのだった。わかりやすい発表として期待されている終着点がそこだとすれば、あまりにも情けない。

11 **バタフライ効果**：これは気象学者エドワード・ローレンツが１９７２年に行った講演のタイトル"Predictability: Does the Flap of a Butterfly's Wings in Brazil Set Off a Tornado in Texas?"にちなんで名付けられたとされている。ブラジルで蝶が羽ばたきをした帰結がテキサスでの竜巻なのか？　とのタイトルは極めて秀逸である。

12 **桶屋が儲かる**：ウィキペディアによれば、北海道オホーツク海沿岸では「北風が吹くと流氷が着岸し室内でも氷点下となるため風呂桶が凍結して壊れる」という通常とは異なる説明があるらしい。これ以外にも無数の理屈がこじつけられそうだ。

第2章　人生と科学の接点

人生に悩んだらモンティ・ホールに学べ

（1）発端

数年前の年末あるいは年始だったと思う。家族と一緒にテレビのクイズ番組を見ていたところ、次のような問いが出題された。

問題：1台の車、2匹の山羊が、それぞれひとつずつ3つのドアの奥に隠されている。挑戦者は、自分が選んだドアの奥にあったものをもらえる。まず挑戦者にどれか1つのドアを選ばせる。そのドアはそのままとして、司会者が残りのドアの1つを開けたところ、そこには山羊がいた。この時点で挑戦者は、自分の選んだドアを変更しても良いし、同じドアを選んだままでも良い。さて、車を獲得するために挑戦者はどうすべきか、以下から正しいものを選べ。

① 同じドアを選んだままにする
② 別のドアに変える
③ どちらでも良い

「そんな小細工のようなことで確率が変わることはあり得ない。もちろん③が正解だ。こんな典型的な詐欺のような話に惑わされてはいかんという良い教訓だと心せよ」。すかさず娘2人に人生訓をたれた私の目の前に「正解は②です」というテロップが！
驚いた私は、「その理由を説明してもらおうじゃないか」と前のめりになり、興奮しつつテレビ画面に向かって正座し直した。しかしさらに驚くべきことに、そのクイズ番組はそれ以上何も付け加えることなく、次の問題へ進んだのだった。もはや驚きを通り越して怒りすら覚えた私はテレビに向かって久々に「関係者出てこい！」と叫んでしまった。[※1]
このような事態に慣れっこになっている娘どもは、「また始まった」という極めて冷静な態度で、それ以上この話題につきあうつもりはさらさらないらしい。
それにしてもすっきりしない。早速翌日の昼食時に学食でラーメンをすすりながら、フランス人と日本人の博士研究員にその話をした。極めて聡明なその2名との議論を通じて、（以下で説明するように）私はそもそも問題設定を正しく理解していなかったことが判明する。その結果、「なるほど、確かに②が正解だとは認めよう。それにしても、昨日の番組中の説明は舌足らずで、あれだけでは誤解を招いても仕方ない。したがって、私が間違っていたのではなく、責任は誤解を与えたテレビ番組の説明不足にある」という負け惜しみ的結論に落ち着いた。

さて、今回は高校数学レベルの確率のごく基礎的な知識が必要となる。そんなめんどくさい話がでるなら、ここで読むのをやめようと思われる方がいるかもしれない。その場合は、以下の「正解」をとりあえず盲信して頂き、(4)以降に進んでもらえれば良い。全く逆に、この「正解」など当たり前だと感じるほどの高度な知能を持たれた方もまた、(2)と(3)は読み飛ばすべきである。※2

正解：挑戦者が車を手にいれる確率は、同じドアのままだと⅓、
別のドアに変更すると⅔。したがって答えは②。

しかしながら、この正解など全く容認できない、と怒りすら感じるほどの(それなりのレベルの)科学的思考力と反骨精神をお持ちの方は、以下の(2)と(3)もスキップすることなく、順次読んでみるのも一興だと思う。ただし、あくまで自己責任ということで。

(2) 模範的解説

さて、この「正解」に納得して頂けるよう、解説を試みたい。説明の仕方はいろいろあるのだが、やはり直接数え上げるのが一番すっきりするだろう。※3 次ページの表を眺めながら、以下を読んでみてほしい。

3つのドアをA、B、Cとし、車はAのドアの奥にあるものとする(車がBのドア、Cのドアの奥にある場合も全く同様に考える事ができる)。最初に、挑戦者は等しい確率で3つのドアから1つを選ぶ。次に、司会者は残ったドアのいずれかを選ぶ。実は一番重要なのはここなのだ。結果として司会者が選んだドアの奥には車はなかったわけだが、果たして司会者は、

(a) 車が奥にあるドアを知っていたのか

あるいは

(b) 知らなかったのか

このどちらの場合なのかによって「正解」も異なってしまう。上述の「正解」は、司会者は車のあるドアを知っている、すなわち(a)を前提としているが、その妥当性を論じる前に、とりあえず(a)と(b)の両方の場合について、確率を計算してみる。

挑戦者	司会者	確率(a)	確率(b)	同じドア	ドアを変更
A	B	1/3×1/2	1/3×1/2	当たり	ハズレ
	C	1/3×1/2	1/3×1/2	当たり	ハズレ
B	A	1/3×0	1/3×1/2	ハズレ	ハズレ
	C	1/3×1	1/3×1/2	ハズレ	当たり
C	A	1/3×0	1/3×1/2	ハズレ	ハズレ
	B	1/3×1	1/3×1/2	ハズレ	当たり

具体的な可能性の数え上げ（車がAのドアの後ろにある場合）

まず（a）、すなわち司会者が車のあるドアがAであると知っている場合を、表を見ながら考えてみよう。表の1行目は、挑戦者がまずドアAを選び、司会者がドアBを開けた場合に対応する。挑戦者は答えを知らないので、3つのドアからドアAを選ぶ確率は⅓である。司会者は残りのBあるいはCのドアから1つを選ぶのだが、この場合はBにもCにも車はないことを知っているので、どちらを選んでも良い。したがって、その確率は½。このように、挑戦者がドアA、司会者がドアBを選ぶ確率は、その2つの確率の積として、⅓×½＝⅙となる。この場合は、挑戦者はたまたま車のあるドアAを選んだので、同じドアのままならば車が当たり、ドアを変更した場合（今の場合は残りのドアCを選ぶことになる）はハズレとなる。表の2行目は、司会者がドアCを選んだ場合であるが、これも結果は同じである。

次に、挑戦者が山羊のいるドアB、すなわちハズレを選んだとしよう。この場合、問題文より司会者は山羊のいるドアを選ぶことになるので、ドアAを選ぶ確率は0、ドアCを選ぶ確率が1となる。したがって、挑戦者がドアB、司会者がドアAを選ぶ確率は0、挑戦者がドアB、司会者がドアCを選ぶ確率は$\frac{1}{3}\times 1=\frac{1}{3}$となる。つまり、後者の場合しかありえない。したがって、挑戦者が同じドア（B）のままならハズレ、変更してドアAを選べば当たりとなる。挑戦者が山羊のいるドアCを選んでも結果は同じである。

以上をまとめれば、挑戦者が同じドアを選んだままで車を得るのは、表の最初の2行で、その確率を足し合わせれば$\frac{1}{3}\times\frac{1}{2}+\frac{1}{3}\times\frac{1}{2}=\frac{1}{3}$。ただし、挑戦者が車のあるドア（この表の例ではA）を選んだ場合、司会者は残りの2つのドア（B）と（C）から、どちらか1つを全く等しい確率で選ぶものとする。[※4] 一方、挑戦者が必ず別のドアに変更すると決めている場合は、表の4行目と6行目が当たり[※5]に対応し、$\frac{1}{3}\times 1+\frac{1}{3}\times 1=\frac{2}{3}$が車を得る確率となる。この2つを比較すれば、必ずドアを変更する戦略の方が2倍高い確率で車を獲得できる。これが②が「正解」となる理由である。

しかしながら、「おいおい、ちょっと待て！ 司会者が車の場所を知っているとは限らないじゃないか」と反論したくなる人もいるだろう。[※6] それが（b）に対応する。この場合、表に示した6つの場合はすべて同じ確率（$1/3 \times 1/2$）で起こる。しかし、与えられた問題文によれば、司会者が選んだドアには山羊がいたことになっている。とすれば、この（b）の条件でゲームを繰り返し行うためには、司会者が車のあるドアを選んだ場合には、ゲームをその時点で終了させ、挑戦者がドアを選ぶところからやり直すルールになっている（と考えるべきだ）。したがって、表の中の薄灰色の行は考慮してはならない。その結果、挑戦者にとっては同じドアを選ぼうと、変更しようと、いずれも$1/3$の確率で車を得る。残りの$1/3$は司会者が車を得る確率である。

この最後の場合にはゲームが流れるとすれば、挑戦者は、ドアの変更には無関係に、$1/2$の確率で車を得ることになる。しかしこのようなルールはどこにも明記されていない。というわけで、（b）は不自然であり、司会者は車があるドアを事前に知っているとする（a）を前提とするべきである。

しかしながら、そもそも、（a）と（b）に分類して考えなくては答えが違ってしまうなど、問題としては不誠実である。仮に大学入試問題として出題されたならば、問題が不適切であったとして全員を正解とし、出題委員長が記者会見で陳謝すべきレベルだ。むろん、私はそんなことまで思いが及ばず、上述の博士研究員2名との日仏共同議論を通じて、初めて気づいたのだった。

また仮に暗黙のうちに（a）を想定していたにせよ、自信をもって正しく確率を答えられる人はほとんどいないものと思われる。実際、上述の確率の計算だけでは納得しない人も少なくないらしく、コンピュータ実験、さらには、人間による模擬実験を行った結果も数多く報告されている。もちろんそれらはいずれも上述の「正解」を再現したため、渋々「正解」の正しさを認めざるを得なかったようだ。

というわけで上の模範解答の説明を読んでも、理解できない、あるいはこの説明は理解できるもののやはりしっくりこないという人も多かろう。そのためには、正答例ではなく、以下の如く、典型的な誤答例を示して、そのどこが間違っているのかを考える方がはるかに有用だと思う。[※7]

（3）典型的誤答例

最初は3つのドアのうち1つだけに車があった。したがって、車を獲得する確率は⅓。その後そのうちの1つのドアには車がないことが示されたから、車は残りの2つのドアのどちらかにある。と、ここまでは、問題の状況設定そのままであるが、それを正しく理解していないとついつい間違ってしまう。

誤答例1：車は2つのドアのどちらか1つの奥にあることがわかったので、どちらのドアを選んでも確率は½。したがって最初に選んだドアを変更しようとしまいと結果は同じ。

誤答例2：挑戦者が最初に選んだ時点では、選んだドアの奥に車がある確率は⅓だった。ドアを変えない限り、この確率は司会者がその後何をしようと変化するはずがない。一方、司会者が車のないドアの1つを教えてくれた後に選択した場合は、確率が½になるはず。したがって、別のドアを選択し直した方が車を手にいれる確率は高くなる。

これはいずれも、異なる可能性があるとそれらは常に同じ確率で起こるはず、という誤解にもとづいている。「2つのドアのどちらかに車がある」からといって、それらが等しい確率である理由はない。

これまたすぐには納得できないかもしれないが、ドアが3つではなく、例えば100万ある場合を考えればわかりやすくなる。最初に挑戦者が選んだドアの奥に車がある確率はわずか100万分の1。したがって、自分が車のあるドアを選ぶ確率はとりあえず無視して良い。とすれば、車のあるドアを知っている司会者が、1つずつ順番に山羊のあるドアを開けていき、そのたびに「選ぶドアを変更しますか」と聞くならば、待てば待つほど車の残っているドアが絞られてくる。最終的には、車があるドア以外のすべてのドアを開けるはずだ（それがこのゲームのルールなのである）。最終的に1つだけドアが残ったとすれば、挑戦者が奇跡的に車の隠れているドアを最初に選んでいない限り、それが車のあるドアとなる。当然、挑戦者はドアを変更すべきである。このように説明されれば確かにドアが十分多い場合には直感的にも納得できる。にもかかわらず、3つだとにわかには信じられないというのもまた人情である。つまり、ドアの数を3としたあたりが巧妙な問題設定となっている。

誤解例3：司会者が選んだドアの奥に車がなかったという事実だけで、挑戦者が知るべき情報は尽きている。にもかかわらず、（a）司会者が車のある場所を知っていたか、あるいは（b）知らなかったかで、挑戦者が車を当てる確率が異なってしまうはずはない。

これは直感的にもうなずける説得力をもった反論である。つまり、そのような事象が起こったところで、それが司会者が答えを知っていたことにはならないだろう、というわけだ。そして、これはつまるところ「1回しか起こらない事象に対する確率とは一体何なのか」という結構深い意味をもつ問いかけでもある。その意味で、この問題そのものが、意図的かどうかは別にしてズルい点でもある。

確かに、もしも1回の事象だけを考えれば、司会者が正答を知っていて車のないドアを選んだのか、正答を知らずに選んだドアにたまたま車がなかっただけなのかによって、挑戦者の未来が変わるとは思えない。※8 確率には様々な定義が存在し得る。しかし、このゲーム番組の文脈では、同じことを多数回繰り返し行った場合、車を手にいれる回数を最大にするには、①、②、③のどの戦略をとるべきか、という意味での確率を問うていると解釈すべきなのだろう。

この確率の定義を採用すると、（a）と（b）では違いが生じる。（a）の場合には、ここで与えられた条件だけで同じゲームを繰り返すことができる。一方、（b）の場合には、司会者が車のあるドアを選んでしまった場合何が起こるのか、というルールが明示されていない。司会者が車をもらう、※9 司会者と挑戦者で折半する、じゃんけんでどちらかに決める、年長者に譲る、より貧乏な方に譲る、訴訟を起こす、などそれぞれ常識的に容認できそうなルールが多数考えられる。※10 とすれば、そもそも（b）は想定しておらず、（a）という前提でのゲームだ、と解釈するのが大人というものである。※11

（4）歴史

さてその後いろいろ調べたところ、今回とりあげた問題は「モンティ・ホール問題」と呼ばれるパラドクスとして良く知られていることが判明した。人生の様々な局面において私が頼りにしているウィキペディアにも、その歴史的経緯と説明が詳細に記述されている。それどころか、このテーマに関しては、数学、統計学、物理学、心理学、哲学の立場からの学術研究論文が多数出版されているようだ。さらに、モンティ・ホール問題をまるごと一冊解説した一般向け書籍まで出版されており、すでに邦訳されている。※12 かくも有名な問題らしいので、すでにご存じの方々がいるかもしれないが、※13 とりあえずその歴史を簡単にまとめておく。

1963年から1977年まで放映されたアメリカのテレビ番組"Let's Make a Deal"でたびたび行われたのがこの問題の原型となったゲームで、モンティ・ホールはその番組の司会者の名前である。1975年2月、米国統計学協会の発行する学術誌の投書欄で、数学者スティーブ・セルビンがとりあげた。しかし彼が提示した「正解」に対して、専門の統計学者からも異議を唱える投書が多数寄せられた。そのため、セルビンは8月の投書欄で補足説明をするとともに、モンティ・ホール自身からの手紙も併せて紹介した。その内容からは、モンティ・ホールはこの数学の問題の意味を正しく理解していたことが明らかに読み取れる。

しかしながら、モンティ・ホール問題が全米で大きな話題となったのは、新聞の日曜版に付録としてついてくる雑誌Paradeの名物コラム“Ask Marilyn”が発端である。その担当コラムニスト、マリリン・ボス・サバントは1990年9月9日、読者からの質問に対して「もちろん別のドアに変更すべきで、その場合、車が当たる確率は2倍になる」と（正しく）回答した。しかしこの回答に対して、最終的には1万通をこえる反論の投書が寄せられた。しかも、それらには数学あるいは科学の博士号取得者からのものが1000通以上含まれており、いずれも「そのような間違いをおかすとはアメリカの数学教育のレベルは暗澹たるものだ」という厳しい糾弾調だったらしい。

天才数学者として知られるポール・エルディッシュ[※14]ですら、その「正解」は間違いであると断言し、その後でその問題と「正解」を教えた弟子に対して、なぜ状況設定を正しく説明しなかったのかと厳しく叱責したというエピソードまで残っている（実は私がとった態度と言い分もこれに近い）。のみならず、この「正解」は間違っているという立場を崩さない論文を発表し続けた研究者グループもまた存在する。[※15]

この過剰とも思える反応は、サバントがギネスブックで最も高いＩＱをもつ人物と認定されたことがあるという事実とも無関係ではあるまい。※16 いずれにせよ、極めて簡単に思わせておきながら全く直感に反する「正解」をもつモンティ・ホール問題の魅力こそ、その本質だ。だからこそ、その後１９９１年7月21日づけのニューヨークタイムズの日曜版第１面でとりあげられるという異例の事態にまで発展したのである。

（5）教訓

モンティ・ホール問題についてのネタはまだまだ沢山ある。しかし、それは私のオリジナルではなく、すでに他の場所でも論じられているはずなので、このあたりでやめておく。その代わりに、モンティ・ホール問題から私が学んだ人生の教訓をいくつか書き連ねておこう。

教訓１：極めて単純な設定でありながら、職業的数学者や統計学者すら簡単にだませる詐欺の手口がまだ残っている※17

教訓２：数学者は必ず正解を言うことが期待されているため、不幸にも間違ってしまった他人を厳しく糾弾する一方、結果的に自分が間違っていたことが判明した場合には、全力を傾けてその問題自身の不備を暴こうとする※18

教訓3：数学者は、一旦面白い問題を耳にすると、とことんそれを一般化しようとする偏執狂的な情熱にとりつかれている[※19]

教訓4：このような興味深くも難しい問題が、新聞の日曜版一面でとりあげられる程度にアメリカの新聞購読者層の平均的知的水準は高い。その一方で、このテレビ番組で用いられた景品が車と「山羊」であるという牧歌的なバランス（あるいは高度なエスプリ）は、アメリカ社会に横たわる文化と価値観の多様性と格差社会の存在を暗示している

教訓5：「正解」にせよ、直感的な「誤答」にせよ、変更しても不利にならないことは確実であるにもかかわらず、我々の大多数は「変更しない」を選択しがちだ。つまり、人間は本質的に変化を避けようとする保守的な生き物のようである

我々が実生活で、車か山羊を獲得するような確率的選択を迫られる可能性は極めて低い。その一方で、予想不可能な苦渋の選択に悩まされることは決して希ではない。その重大な岐路で、今までの人生をそのまま踏襲し続けるべきか、あるいは、思い切って全く未知の人生の選択肢に賭けてみるべきか。モンティ・ホール問題から得た教訓によれば、統計的「正解」は自明なのかもしれない。

※ ※ ※

1 **「関係者出てこい！」**：念のために、以前の拙文をご存じない方に注意しておくならば、「関係者出てこい！」という言葉は、周囲に関係者がいないことを十分確認した上で発すべきであるというのが、私の処世訓である。

2 **読み飛ばすべきである**：というか、そのような方の場合、この雑文自体を読まずに次に進む方がより適切であろう。

3 **直接数え上げる**：正解を導くやり方もいろいろとある。ここではもっとも単純に、すべての可能性を尽くす方法を示した。条件付き確率にもとづくベイズ統計の考えを用いることもできる。ただし、ここでは正解を完全に理解してもらうのが目的ではなく、正しい確率の値を示して以下の議論で混乱を与えないようにしたいだけなので、泥臭くても直接的な方法を採用した。

4 **等確率で選ぶ**：どうでも良さそうなことをしつこく強調しているように思われるかもしれないが、これもまたこの問題に答えるためには重要な前提なのである。

5 **当たり**：車を獲得する方を「当たり」と呼ぶのは、かなり偏った価値観なのかもしれない。しかし、少なくとも日本では山羊をもらった場合、どうやって持ち帰り、狭い自宅でいかに育てていくか途方にくれてしまう人がほとんどだと思う。

6 **他人のせいにする**：得られた答えが自分の予想と外れた場合には、どこかに問題の不備を見つけて自分を正当化したくなるものだ。告白すれば、私もまたそうであった。ちなみに、この手法は大学（最近は大学院）入試においては世間的にも広く容認されている。その結果、毎年どこかの大学で責任者が謝罪し、数名の追加合格者が発表される。その是非については大学教員という立場上あえてコメントを差し控えておくが、どうしても何か言ってほしいと思われる方がいたならば、本シリーズの「サイコロを振れ、受験生」を思う存分読んで頂きたい。ちなみに、拙著『三日月とクロワッサン』（毎日新聞出版）に収録されている。

7　**誤答から学ぶ**：実はこれはかなり普遍的な事実である。教科書には正しいことだけ書いてあり、初学者が陥りやすい典型的な誤解や誤答を数多くとりあげて、それがなぜ間違っているのかを丁寧に説明しているものは少ない。しかし、それらの例は読者の理解度をはるかに高めるであろう。本来、講義やゼミはそのような場所であり、教科書を読んだだけではわからない点を補完する役割を担っている（はずだ）。そのような観点からねちねち説明するスタイルの教科書があってもよさそうだ。

8　**挑戦者の未来**：このあたり自信はない。

9　**司会者が車を獲得**：もしそういうルールであれば、司会者は新車の販売業者となれるほどの膨大な数の車を手にいれていたことであろう。

10　**無数の可能な選択肢**：このような議論を始めてしまったが最後、突如、膨大な数の哲学関係者が参入してくることも容易に想像できよう。イデオロギー論争に発展する可能性すらある。

11　**大人の常識**：現実にはそのような「立派な大人」は数少ないためか、世の中にはくだらない争いが絶えない。「そんなこと常識でしょう」と言う人に対して「いや、それはこういう理由／証拠によって常識だとは言えない」と論理的に反論してくる人は極めて常識人だが、「常識の定義とは何だ。世の中に常識という概念など存在し得るのか」の類の具体的論点を見失った形而上学的議論に持ち込む輩は非常識人、と分類してよい（あくまで常識的分類でしかないが）。

12　**モンティ・ホール問題の解説書**：ジェイソン・ローゼンハウス著、松浦俊輔訳『モンティ・ホール問題　テレビ番組から生まれた史上最も議論を呼んだ確率問題の紹介と解説』（青土社、２０１３）。数学者が、モンティ・ホール問題を様々な角度から徹底的に分析した本。確率を解説した章を理解するには、理科系大学教養学部程度の数学の知識が必要であるが、その部分は読まずとも十分楽しめよう。ただし、パラドクスを取り扱ったものであるにもかかわらず、意味がわかりにくい翻訳文と若干の数式上の誤植の結果、余分な混乱を与えている箇所が散見される点は残念。

13　**文献その２**：T嬢から、モンティ・ホール問題は田中一之『チューリングと超パズル：解ける問題と解けない問題』（東京大学出版会、２０１３）でもとりあげられている旨、教えてもらった。

14　**ポール・エルディッシュ**：ウィキペディアによると、生涯に約１５００編もの数学論文を書いており、これ以上に多数の論文を発表した数学者はオイラーだけだとされているらしい。いつ寝ているかわからず1日19時間数学の問題を考えていたらしい。やれやれ。

15　**間違いも大切**：いつも述べていることだが、物理関係で「間違った」研究論文が発表される例は全く珍しくない。それへの反論と修正を通じて全体として研究は進展する。したがって、明確な反論が出た後でも、意地になって以前の説に固執する研究者はほとんどいない（と思う）。それどころか、「あんな論文を書いたのだから、少しは反省しろよ」と言いたくなるほど、臆面もなくまた新たな「間違った」研究論文を次々と発表することで学問の進展に寄与し続けている輩も少なくない。

16　**サバント**：ギネスブックが１９８９年に採用した彼女のＩＱは２２８である。この値にはいろいろな批判がなされているようだが、私にとってずっと興味深かったのは、学問や学者を意味するサバント

（Savant）という名字が本名だったことと、彼女の父親（ヨゼフ・マッハ）が、哲学者・物理学者として有名なエルンスト・マッハの子孫であったこと、の2点である。

17　**詐欺の手口**：むろん、「だからまだチャンスがある」と言うつもりはなく、「だから気をつけよう」と言いたいのである。誤解なきよう。

18　**負け惜しみ**：実は冒頭で紹介した私自身の体験も、この例に該当することは認めざるを得ない。

19　**数学者の情熱**：今回の（2）や（3）で紹介した程度の議論ならば私は楽しく読めるが、これでも十分面倒だと思われる方も多かろう。しかし、数学者は誰に頼まれたわけでもないのに膨大な数の拡張版モンティ・ホール問題を思いついては、よってたかって解きあっては喜ぶ変態人種である（実はうらやましい）。ドアの数を3ではなく一般に n としたら？　賞品を当たりとハズレの2種類だけではなく価値の順に v_1、v_2、…、v_n とした場合の戦略は？　3つのドアに等しい確率で車があるのではなく p_1、p_2、p_3 の異なる確率が割り振られている場合は？　司会者あるいは挑戦者が2名いたら？　確かに思いつくだけなら簡単だが、実際に解くのは至難の業だ。そもそも解けるかどうかすらわからない。常識的社会人ならば、こんなことをやっていたら本業がおろそかになると心配するところだが、数学者にとってはそれこそが本業だとも言える。実にうらやましい。やっぱり来世には、天文学者ではなく、数学者という選択肢に変更してみよう（いずれも清貧な人生という部分は共通していそうだ）。

アインシュタイン、エディントン、マンドル

2015年は一般相対論が誕生して100年という記念すべき年であった。国内外で様々な研究会や講演会が開催され、私も話をする機会があった。そこで一般の方々向けの枕として用いたアインシュタインにまつわるエピソードが割と好評だった。あまり知られていないようなので今回はそれらを紹介してみたい。

(1) エディントンの日食観測と一般相対論

十数年前に開催された国際会議の夕食会で、隣に座ったある著名な英国天文学者と会話していたときのこと。何かの拍子で彼から「アインシュタインの一般相対論を有名にした日食観測は、実はその観測隊長だったエディントンの兵役免除を狙ったものなんだ」と教えてもらった。元ネタに、同じく英国の宇宙論学者であるピーター・コールズ氏の著書らしい[※1]。当時私は、一般相対論の入門的教科書を出版した直後でもあり、とても興味をそそ

られた。

実際、多くの一般相対論の教科書や啓蒙書には、次のような有名な「事実」が述べられている。※2

アインシュタインが1915年に一般相対論を発表すると、当時ケンブリッジ大学教授であったアーサー・エディントンは即座にその重要性を理解した。彼は一般相対論が予言する「光の経路が重力の影響を受けて曲がる」現象を検証するべく、1919年5月29日にアフリカの西海岸にあるプリンシペ島で日食観測を行い、その正しさを見事に証明した。

その原理は単純である。互いに近接した星々の天球上での相対的な位置を、手前に太陽がある（太陽の重力でその星からの光が曲がる）場合と、ない場合で比較するだけだ。といっても、太陽と同じ側にある背後の星々は、通常は太陽の光に埋もれて観測できない。その例外が日食中のわずかな時間である。さらに日食後数ヶ月もすれば、地球の公転のおかげでそれらの星々は太陽がない夜間に観測できるようになる。これを参照用のデータとして、日食中の位置データと比較し、その位置のズレを測定すればよい。

一般相対論の予言そのものは理解困難だとしても、この日食を用いた光の湾曲観測はわかりやすく、しかもショー的要素に富んでいる。おかげで一般相対論を「証明」したエディントンの業績は、またたくまに世界中の新聞に掲載され、ひろめられた。アインシュタインが世界でもっとも有名な物理学者となった理由は、まさにこの劇的な観測にある。ところで、より厳密性を重んずる誠実な教科書であれば、さらに次の類の説明が加えられているかもしれない。※3

実は、(質量がないために本来は適用できないはずの光に対して)ニュートン理論を無理に使っても、光が湾曲するという結果は導かれる。ただしニュートン理論にもとづく光の曲がり角は、一般相対論による(正しい)予言値の半分でしかない。言い換えれば、エディントンの日食観測は、光が曲がるかどうかを調べたのではなく、観測された曲がり角がどちらの予言値と一致するのかという定量的な検証を目的としていた。しかし、写真乾板(感光のための乳剤を塗布したガラス板)を用いて記録していた当時においては、望遠鏡の機械的な精度、現像処理、乳剤の一様性、温度変化による膨張・収縮など多くの困難があり、数ヶ月離れた観測結果からこの曲がり角を正確に決定することは容易ではなかったはずだ。このため、エディントンのデータとその解釈の信頼性には当時から疑問が呈されていた。つまり答えに合わせたデータだったのでは？　という疑惑である。むろんその後のより精密な測定、とりわけ電波を用いた観測によって、一般相対論の予言は今ではほぼ完全に証明されている。

一方、以下で紹介するエディントンにまつわる複雑な個人的事情を記述している本（少なくとも教科書）を見たことはない。[※4] そもそも科学者は、完成した体系は原典ではなくそれらを再構成した教科書を通じて学ぶのが普通である。例えば一般相対論に関するアインシュタインの原論文を読んだことがある物理学者（物理史学者ではなく）にはほとんどお目にかかったことはない。[※5] 教科書では、当時の試行錯誤やエピソードは省略されてしまうので、正しい歴史は消え去り、せいぜい歪められた形で伝えられる運命にあるのだ……。といった長々とした前置きはこのあたりにして、そのエピソードの紹介に移ろう。

エディントンは数多くの業績をあげた著名な英国の天文学者である。わずか30歳で、英国の天文学でもっとも権威のあるケンブリッジ大学プルミアン教授職に就き、さらに2年後の1914年にはケンブリッジ天文台長となった。

アインシュタインが一般相対論に関する一連の論文を発表した1914年から1916

年、英国はドイツと交戦中であった。しかし、エディントンは中立国オランダにいた天文学者ド・ジッターを通じてアインシュタインの原論文を入手できた。直ちにその理論に魅せられた彼は1917年、光の湾曲の測定を通じて一般相対論を検証する重要性を王立天文協会に提案した。当時グリニッジ天文台長であったフランク・ダイソンは、1919年5月29日の皆既日食がその測定に最適であることに気づき、エディントンをプリンシペ島に、アンドリュー・クロメリンをブラジルのソブラルに派遣し、異なる2ヶ所で測定を行う計画を立てた。

ここまでは順調だった。しかし、深刻な問題が起きる。1917年に英国でも徴兵が始まり、34歳のエディントンはまさに該当者となったのだ。ところが彼はクエーカー信徒[※6]であり、その中心的信条である平和主義に基づいて良心的兵役拒否者であることを明言していた。一方、オックスブリッジのエリート達は真っ先に国のために戦うべし、というのが当時の世論の大勢。ダイソンを始めとするケンブリッジの

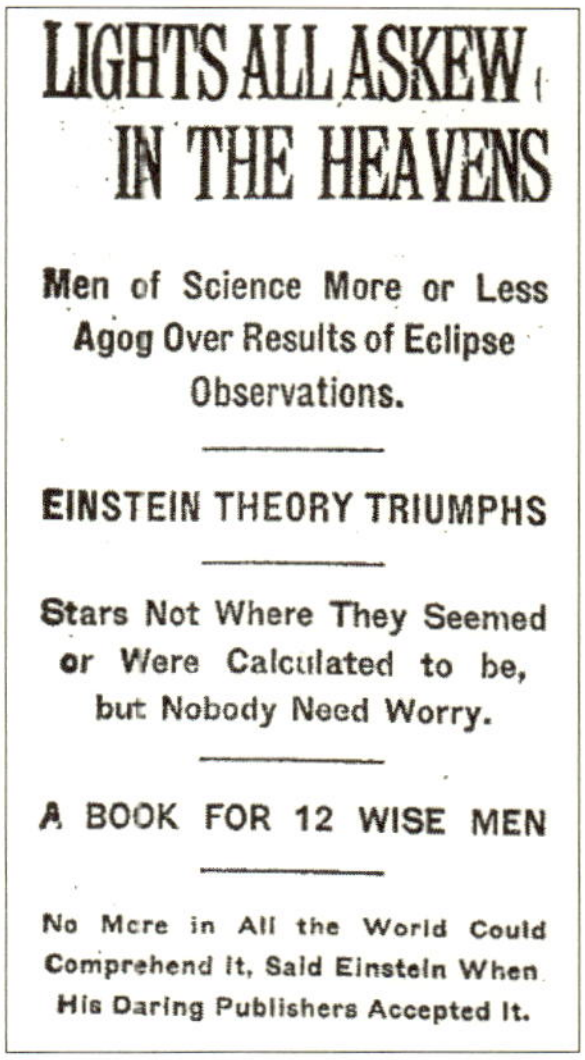

LIGHTS ALL ASKEW IN THE HEAVENS

Men of Science More or Less Agog Over Results of Eclipse Observations.

EINSTEIN THEORY TRIUMPHS

Stars Not Where They Seemed or Were Calculated to be, but Nobody Need Worry.

A BOOK FOR 12 WISE MEN

No More in All the World Could Comprehend It, Said Einstein When His Daring Publishers Accepted It.

エディントンの実験成功を報じるNYタイムズ

著名な学者達が「エディントンのような優れた学者を戦争で失うことこそ英国の国益を損なうものだ」と、英国内務省に働きかけ、なんとか妥協を取り付ける。それが「戦争が１９１９年５月29日までに終結した場合、エディントンはプリンシペの日食観測隊を引率するべし」という条件のもとでの兵役延期だった。

実際にプリンシペで１９１９年５月に観測するには、遅くとも２月までに出発せねばならない。ドイツとの休戦協定は１９１８年11月だったので、その準備を考えるとまさにギリギリのタイミングだった。しかも、観測当日、プリンシペの空は暗雲が垂れ込み、雲の合間からぼんやり太陽が現れたわずかな間隙に何とか皆既日食が観測できた程度。その上、当地の蒸気船のストライキの影響で、エディントンは予定を変更し早々に帰国せざるを得なかった。このため、プリンシペに残って太陽が昇っていない時期の空の星々の参照用データを撮影することはできず、何と遠く離れたオックスフォードで過去に撮影したデータで代用することにしたのだ。端的に言えば、ボロボロである。

それはさておき、これらの観測結果は、１９１９年11月６日、ロンドンの会議で発表された。（もちろん）彼らの結論は、ニュートン理論ではなく、一般相対論に軍配を上げた。ただし、上述のようにプリンシペのデータには数多くの問題があった。さらに、天候に恵まれたはずのソブラルでも、測定時の設定ミスのためピントがずれた口径25センチの望遠鏡のデータは無視され、本来はバックアップのはずだった口径10センチの小さな望遠鏡のデータのみが用いられた。しかも、25センチのデータはむしろニュートン理論の予言に近いものだったため、エディントンは意図的にこれを取り除いたのではないかという疑問を持つ学者もいた。

このように書くと、通常、一般相対論をめぐる劇的なサクセスストーリーとして有名な日食観測にも、何やら怪しさが立ちこめてくる。昨今話題となっている、科学者倫理や不正といった問題も頭をよぎる。ただし、これ以上の解釈は科学史の専門家の方々にお任せしたい。

ところで、これに関係する歴史のいたずらがもう一つある。1911年、アインシュタインは、まだ未完成であった一般相対論を部分的に用いることで、光の曲がり角を計算した。その誤った結果は、正しい値の半分、すなわちニュートン理論にもとづく予言値と一致していた。運良くあるいは運悪く、1912年にはアルゼンチンの日食観測隊がブラジルで光の湾曲を測定する予定であったが、悪天候のため何も観測できなかった。また1914年にはドイツがクリミアへ日食観測隊を派遣したのだが、第一次世界大戦が勃発し、やはり観測はできなかった。さらに仮に1918年に第一次世界大戦の休戦協定が結ばれていなかったとしたら、エディントンは日食観測どころか、戦場で命を失っていたかもしれない。

これらはいずれも、結果的にはアインシュタインにとっては極めて幸運な偶然として働いた。もしも1912年あるいは1914年の日食観測が成功していたら、その値は当時のアインシュタインの間違った予言を否定していたのだろうか。その場合、その後のアインシュタインはいかなる評価を得たのだろう。歴史とは本当にきまぐれなものである。アインシュタインは強運の持ち主でもあったようだ。

(2) マンドルのアイディアと重力レンズ

太陽のような一個の星の重力を考える限り、光の曲がり角はきわめて小さい。しかし、100億個以上の星の集団である銀河の強い重力を考えると、その背後にある遠方天体の位置の見かけ上のずれははるかに大きくなる。場合によっては1つの天体が異なる複数の像として観測されることもある。これは(強い)重力レンズ効果と呼ばれ、1979年に初めて観測された。今では、約100個の重力レンズ多重像を示す天体が知られており、重力レンズ天文学という一つの分野が確立しているほどだ。

私は重力レンズ天文学をはじめとした一般相対論の天文学的応用をまとめた教科書[※7]を出版した際、表紙にアインシュタインの重力レンズに関する原論文を使おうと思い立った。

調べたところ出版されたのは1936年。基本原理はまさに1919年に実証された光の湾曲そのものであるにもかかわらず、なぜ20年近くその単純な応用とも言える論文が出版されていなかったのか不思議であった。[※8] しかしそれ以上に奇妙なのは、その書き出しである。

しばらく前、マンドル氏が私を訪ねてきて、かつて彼に依頼されて私が行ったちょっとした計算結果を出版するよう求めてきた。この文書は彼の希望に応じたものである。

実質1ページ程度のごく短い論文とはいえ、このような書き出しスタイルで始まる学術論文は後にも先にも見たことがない。マンドル氏とは何者なのか。再びインターネットで検索したところ、まさにドンピシャの記事を見つけた。[※9] おかげで、この論文が誕生した事情が以下の通りであることを知った。

ルディ・マンドルは、科学全般に興味をもつチェコ出身の技術者。「一般相対論に関連したあるアイディア」を思いつき、それをなんとか出版したいと考えた。なんと、コンプトンやミリカンといった錚々たるノーベル賞物理学者達にも会い、話をしたらしい。しかし、「今ちょっと忙しいので」とか「それは私の専門ではありませんので」といった丁重な常套句がかえってくるばかり。そこで1936年の春、彼はワシントンにある米国科学アカデミーの科学広報部に行き、自分のアイディアを出版できるように協力してくれるプロの天文学者を紹介してもらえないかと相談した。

ここまでは、ありそうな話である。しかし驚くべきことに、その担当者はアインシュタインが良いのではないかと述べた上、何とワシントンからプリンストンへの旅費まで支給したというのである。私なら「担当者が自分に何の相談もなしに勝手にそんなことをして良いのか」と怒るところだが、さすがはアインシュタイン。1936年4月17日に訪ねてきたマンドルの話を辛抱強く聞いてあげたのだ。

マンドルのアイディアの本質は、すでに述べた重力レンズ効果そのものである。はるか「遠方の星」からの光は、その「手前にある天体」の強い重力を受けて曲がると、複数の像として観測されることがある。さらにそれらが偶然ほぼ一直線状に並んだ場合、観測される背後の星の像は手前の天体を中心とした同心円となる（これは現在、アインシュタインリングと呼ばれている）。また、通常のレンズと同じく、集光作用の結果、星が実際よりもはるかに明るく輝いて見える。

これらはいずれも正しいし、現在では数多くの観測例がある。しかし、「手前にある天

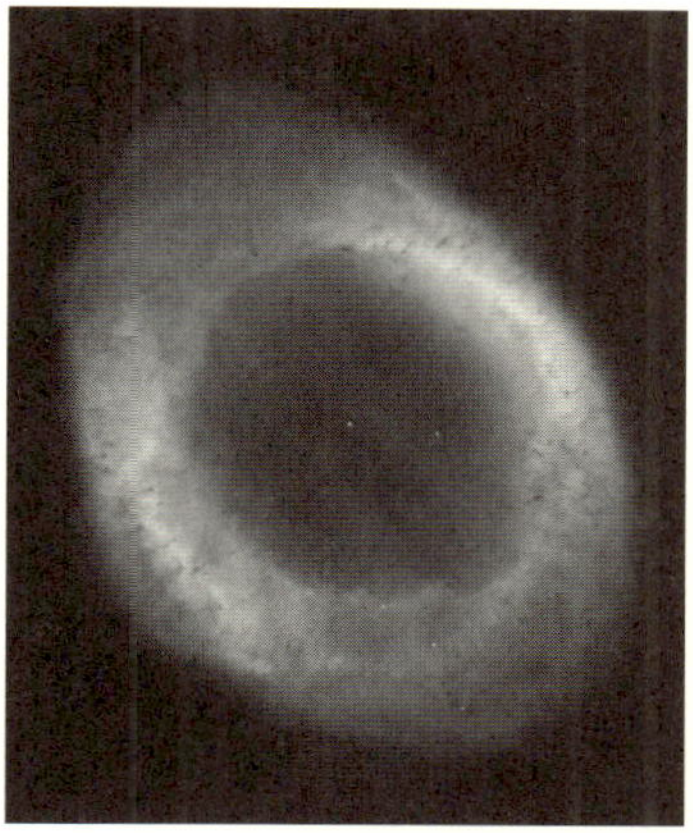
惑星状星雲メシエ57

52億光年先にある銀河（SDSS J1148+19）によって重力レンズを受けた103億光年先の銀河のアインシュタインリング像
（NASA Hubble siteより転載）

体」は星ではなく銀河、「遠方の星」は銀河あるいはクエーサーと呼ばれる遠方宇宙の巨大ブラックホール（当時は未発見）。当時のアインシュタインは重力レンズ現象の理論的な可能性には気づいていたものの、そのような系が実在するはずはなく論文としては無意味だと考えていたらしい。にもかかわらず、マンドルの執拗な要請（面会のみならず、手紙でも繰り返し催促している）に負けて、ついに論文を出版することにした。

この論文が受理されたサイエンス誌の編集長に宛てたアインシュタインの返事は、

このつまらない論文の出版に関してご配慮頂き、本当にありがとうございました。これは、マンドル氏にせっつかれて仕方なく書いたものです。ほとんど価値はありませんが、あのあわれなマンドル氏は満足してくれるでしょう。

という、かなり辛辣なものだ。

さて、この経緯は別として、ここまでの話だけなら結局マンドルの方が正しかったことになる。ただ、それではいくらなんでもアインシュタインに申し訳ない。公平性のためには、マンドルが思いついた「一般相対論に関連したあるアイディア」の全貌を説明しておくべきだろう。

太陽より軽い星は、中心に白色矮星と呼ばれる天体を残し、その外側に大量のガスを放出して一生を終える。このガスは、白色矮星の光に照らされて輝きリング状に見える。このような系は惑星状星雲と名付けられている。マンドルは、この惑星状星雲を誤解してアインシュタインリングだと思いこみ、重力レンズはすでに存在が観測されていると考えた。とすれば、かつてもっと大規模な重力レンズによって、遠方天体の光が集められ、大量の放射として地球上に降り注いだ時期があったはずだ。その結果、地球上の生物は致命的な影響を受け絶滅し、その後の自然淘汰によって次世代の新たな生物種が栄えて現在に至ったにちがいない。このように、マンドルのアイディアは、単に一般相対論と天文学を結びつけただけではなく、地球の生物の大量絶滅と、生物進化の不連続性をも説明する壮大なシナリオであったのだ。

これならば、マンドルと面談したノーベル賞学者のお歴々がドン引きしたとしても仕方ない。しかもアインシュタインとのやりとりの記録を見ると、かなり偏執的な性格であったことも想像できる。とはいえ、それを差し引いても、マンドルが果たした「科学的」貢献は十分大きかったと評価すべきだとは思う。[※10]

さて、一般の方々が抱く科学のイメージとは、優秀な学者が発見した難解な理論が精密な実験・観測によって証明されながら発展するという、直線的な進歩の歴史であろう。しかし現実には、無数の試行錯誤を経て（たまたま）生き残った理論だけが次世代に引き継がれるような、選択と偶然に大きく左右される側面も無視できない。偶然とは無関係と思われるアインシュタインですら、その類のエピソードと無縁ではないことを紹介するのが今回の雑文の趣旨である。科学者の研究成果を3年とか5年ごとに報告させ評価するといった近視眼的な制度が氾濫しているが、そのような無駄は極力廃し、ずっと長い時間スケールで温かく見守ってくれるような社会に戻ってくれることを心底期待したい。

※　※　※

1　**兵役免除狙い**：ただし以下に詳しく述べるように、彼のこの発言はやや過大解釈かもしれない。兵役免除と大きく関係していたことは事実であるが、それを狙って提案されたとは言い過ぎだろう。

2　**エディントンの日食観測隊**：例えば、拙著：『一般相対論入門』（日本評論社、２００５）。

3　**誠実な教科書**：例えば、S.Weinberg "Gravitation and Cosmology" (Wiley, 1972).

4　**エディントンのエピソード**：といっても、ここで紹介する記述の大半はP.Coles arXiv:astro-ph/0102462をまとめたものに過ぎない。より詳細に興味ある方は原論文および彼の著作"Einstein and the Total Eclipse" (Cambridge University Press, 1999) をお読み頂きたい。

5　**原典にあたる物理学者**：もちろんすべての物理学者が私と同じく怠惰というわけではない。例えば、太田浩一『電磁気学の基礎Ⅰ，Ⅱ』（東京大学出版会、２０１２）を御覧あれ。

6　**クエーカー信徒**：私はクエーカーとは何か全く知らなかったので、当然ウィキペディアを参照した。17世紀にイングランドで設立された宗教団体Religious Society of Friendsをさす名称とのこと。

7　**相対論教科書その２**：拙著『もうひとつの一般相対論入門』（日本評論社、２０１０）。

8　**空白の20年**：A.Einstein "Lens-like Action of a Star by the Deviation of Light in the Gravitational Field", Science 84（1936）506. 私はそれ以前に重力レンズに関係する論文を10本程度は出版していたはずだが、恥ずかしながら（というかほとんどの平均的物理学者と同じく）アインシュタインの原論文は読んだことがなかったのである。しかも、用いられている記号とその意味が、現在我々が慣れ親しんでいるものとは異なっているため、論文の結論は自分が講義で何度も教えた結果であるにもかかわらず、そこで書かれている論理に従って理解するにはかなり骨が折れた。

9　**元ネタ**：J.Renn and T.Sauer "Eclipses of the stars- Mandl, Einstein, and the early history of gravitational lensing", http://www.mpiwg-berlin.mpg.de/Preprints/P160.PDF

10　**マンドル氏的来訪者お断り**：だからといって私個人はマンドル氏のような方の来訪を歓迎しているわけではない。決して誤解なきよう。さらに、その代わりにT嬢宛に怪しげな自説を送りつけることもまた差し控えて頂ければ幸いである。

かに星雲と『明月記』の出会い

２０１６年4月から、故郷の『高知新聞』で月1回、宇宙の画像とともに最近の天文学を紹介する連載を開始した。その第4回で藤原定家の『明月記』に登場する超新星爆発を取り上げた際に、興味深いことを学んだ。これらは一部の方々には周知の事実[※1]であり、学問的な新しさはない。あらかじめご容赦をお願いしたい。[※2]ただし、私の追体験を通じて皆さんにも興味を持って頂けるものと期待して紹介してみたい。

まずは天文学のお勉強から。この世界のすべてのものには、寿命がある。宇宙を満たす星々もまた、この摂理から逃れることはできない。星は、その中心で水素が核融合反応を起こしヘリウムが合成される際に放出されるエネルギーによって輝いている。したがって、文字通りいずれ燃え尽きてしまう。「驕る平家は久しからず」とは良く言ったものだ。

星が燃え尽きるまでの寿命を決めているのはその質量だ。健康診断の際に見るからに不健康そうな医師から「長生きしたければ減量することをお勧めします」と忠告された経験をお持ちの方々も少なくないことだろう。といっても、人間の場合、がんばってもせいぜい10年程度の寿命を延ばすくらいしか期待できない。「苦しんで減量するくらいなら、太くて短い人生のほうが良い」と決意し、不摂生な生活を続けるのもむべなるかな。しかし、星の場合、その寿命は質量の2乗から3乗に反比例するので効果は絶大だ。質量が大きければ燃料の総量が増える一方で、それ以上に燃費が悪くなるためだ。例えば、太陽の寿命は約100億年だが、その10倍の質量の星なら約3000万年、逆に半分の質量ならば約1000億年となる。したがって、太陽が10%の減量に成功すれば、その寿命は約3割、つまり30億年も延びることになる。減量する気も湧こうというものだ。

では、寿命を迎えた星はその後いかなる最期をとげるのか。これまたその質量によって大きく違ってくる。46億年前に誕生した太陽の場合、今から約50億年後に寿命を迎え、中心部が収縮する一方で外層が大きく膨張した赤色巨星となるはずだ。その大きさは現在の太陽と地球の距離程度にもなるので、地球は今から50億年後には、寿命を終えた太陽に飲み込まれてしまう運命にある。

さらに太陽の8倍以上の質量の星となると、中心のエネルギー源が枯渇した後には、もはや星全体の重力を支えることができなくなり、全体が急速に収縮する。しかし、その中心に芯となる中性子星が形成されると、逆にその周りの物質はショックによって吹き飛ば

される。たけき者も遂にはほろびぬ。これが超新星（爆発）である。[※3]

さて、そろそろ離脱派が主流になりそうなので、[※4]天文学の豆知識はとりあえずこのあたりにして、宇宙望遠鏡が観測した超新星爆発の残骸（かに星雲）をご覧頂こう。

次ページの上図はハッブル宇宙望遠鏡の可視光データにもとづいて作成された画像で、超新星爆発の結果周囲に撒き散らされたガスやダストが、フィラメント状に分布し輝き続けている。この形状を見れば、「かに」星雲と呼ばれている理由もわかる気がする。下図はチャンドラ衛星のX線データにもとづいて作成されたもので、[※5]中心部に中性子星（かにパルサー）があり、そこから今でも物質が放出されていることが見事に見てとれる。

いずれにせよ、このかに星雲の画像を、高知新聞を購読している善男善女に是非とも紹介したい。さらに、『明月記』に残っている超新星出没の記録からこの超新星爆発が西暦１０５４年に起こったことが特定された、という有名な話も織り込みたいと考えた。

ところで、私がかに星雲と『明月記』の関わりを知ったのは、『Gravitation』という有名な相対論の教科書[※6]の口絵だった。今回久々にそのページを眺めてみたところ、京都のお寺らしきイラストを背景として、漢文が印刷されているだけ。出典には、大英博物館所蔵とあり、どう考えても『明月記』の一部には見えない。[※7]そこで、インターネットで検索してみた。

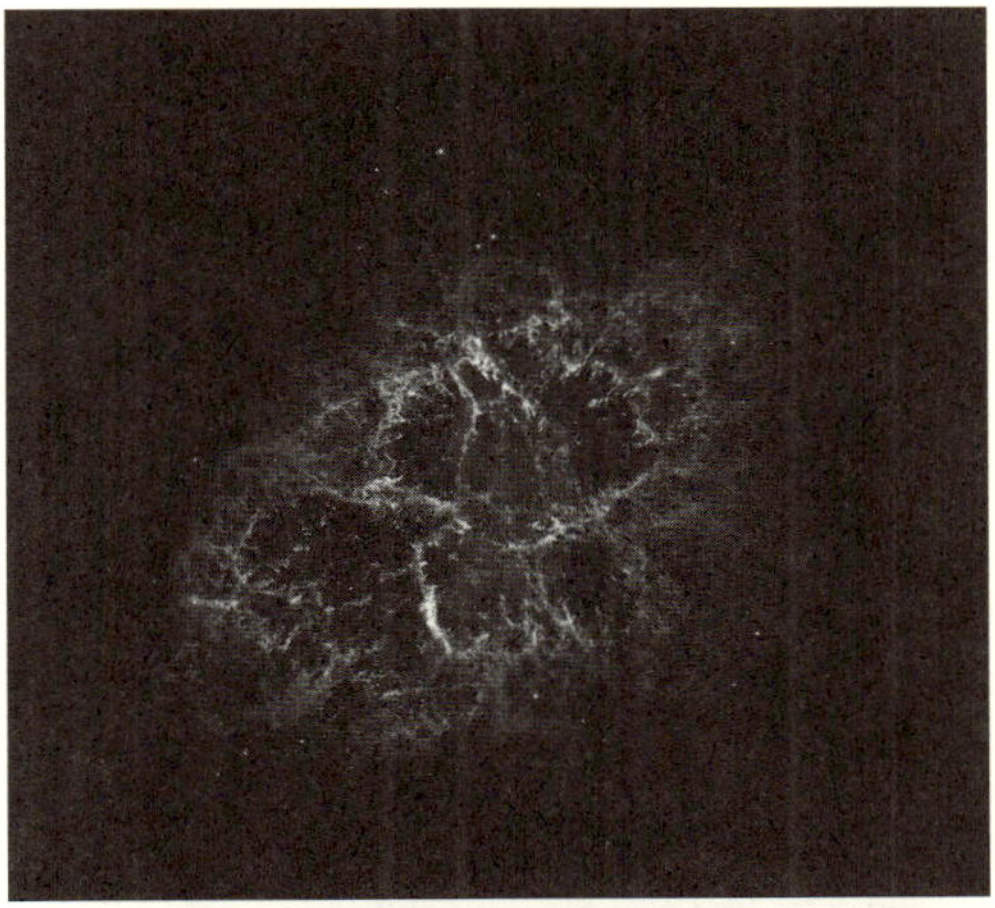

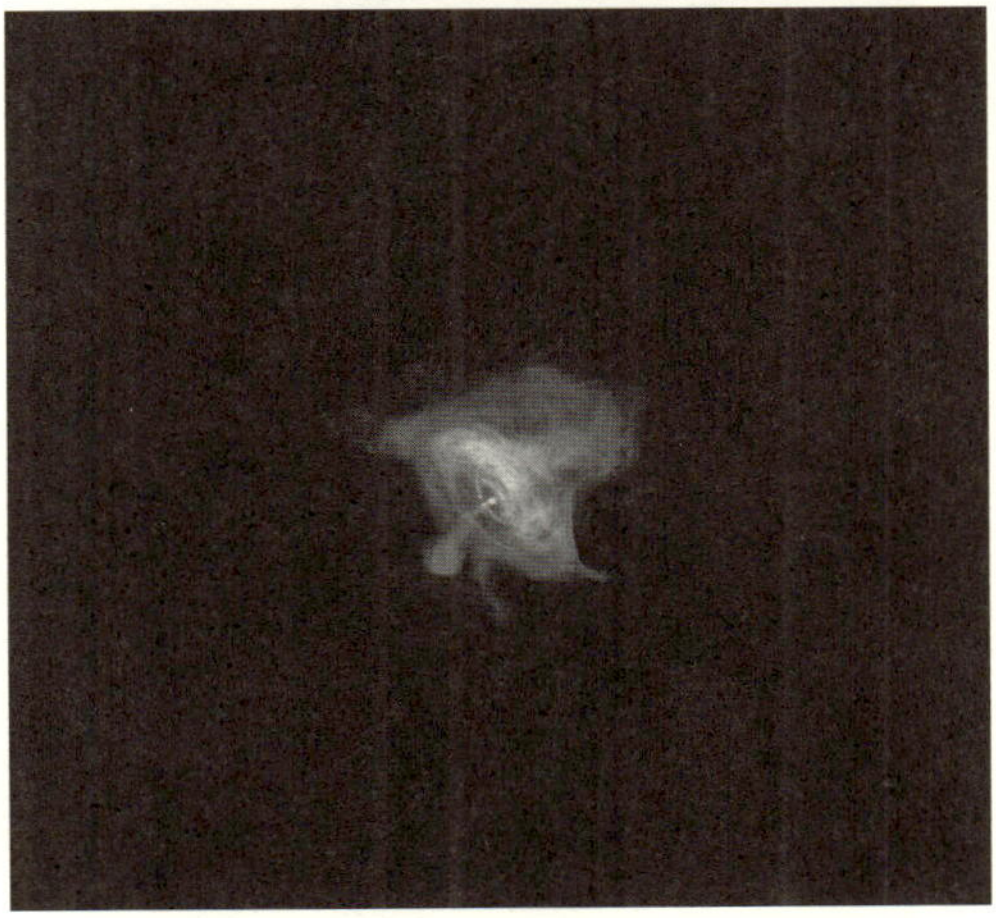

かに星雲（超新星残骸）の観測画像
出典：http://www.hubblesite.org/newscenter/archive/releases/2005/37/

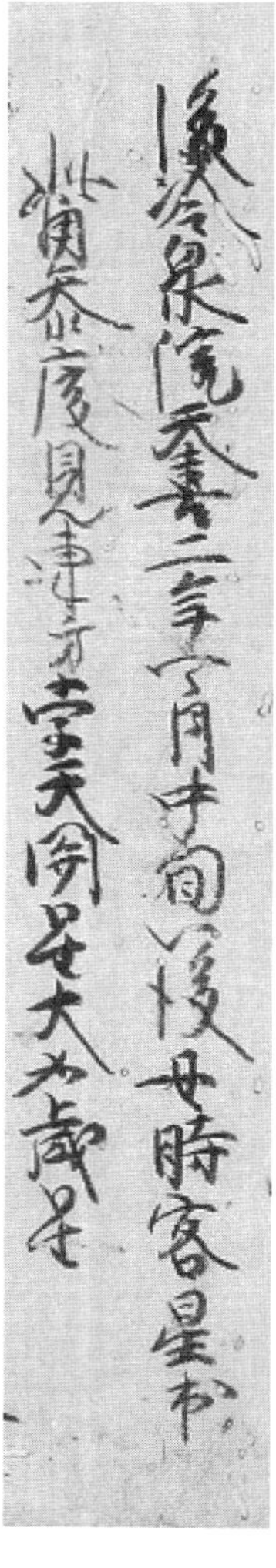

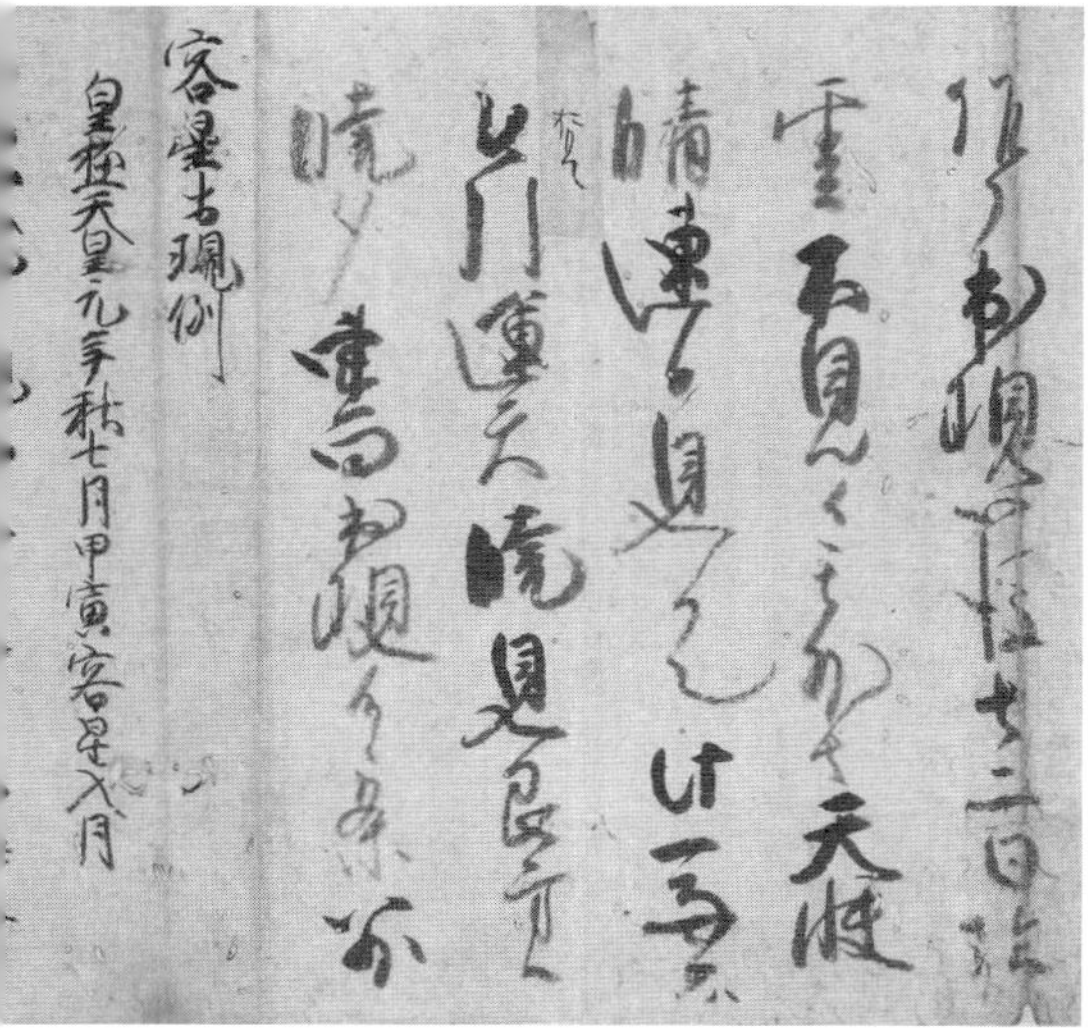

（該当部の拡大図）後冷泉院天喜二年四月中旬以後、丑時客星觜参度を出で、東方に見ゆ。天関星に孛す。大きさ歳星のごとし。

［1054年4月中旬以後、午前2時にオリオン座の東の方向に客星（超新星）が見えた。おうし座ツェータ星付近にあり、木星程度の大きさであった］

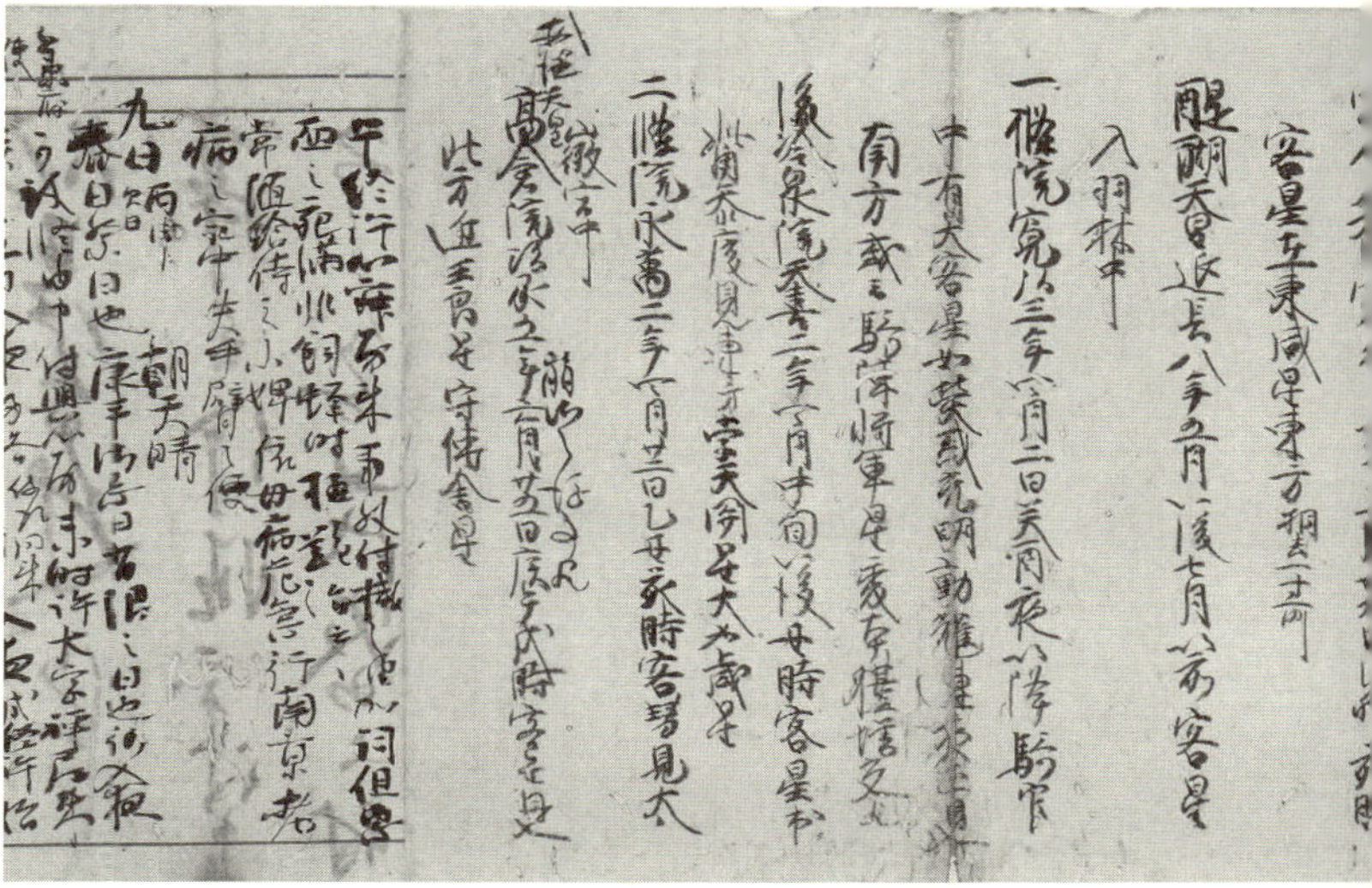

『明月記』のなかで客星（超新星）について記述された部分。寛喜２年11月８日の箇所で、これは西暦1230年にあたる。この日に客星（この場合は超新星ではなく彗星）を見た定家が、過去の客星について泰俊に問い合わせた結果、平安時代の超新星の例を教えてもらったわけである。定家も泰俊も直接この超新星を見たわけではない（ちなみに、この後冷泉院天喜２年４月中旬は５月中旬の間違いだとされており、それを西暦に直すと1054年７月４日になるらしい）。さて、この貼り継ぎの前後からわかるように、私が当初下手な字だと判断した部分こそ、定家の自筆であり、達筆なのは泰俊が書いた箇所だったことになる（関係者の皆様、すいません、失礼しました）。
公益財団法人冷泉家時雨亭文庫所蔵

さっそくひっかかったのはウィキペディア。そこには、明月記断簡（大阪府立中之島図書館蔵）という画像が掲載されている。しかし、私の国語力では何が書いてあるのかさっぱりわからない。それどころか、どう見ても達筆とは言いがたい下手な字。恐らく定家ではなく、名も無き人による写本に違いない。こんなものを愛すべき郷里の高知県の善男善女にお見せするわけにはいかんぜよ。即座にそう判断しこれは見送った。

次に検索にかかったのは、京都大学花山天文台長であるS先生による文章。[※8] その表紙には、「客星」という単語が入った達筆の文章が掲載されており、冷泉家時雨亭文庫所蔵というただし書きがある。これこそ本物に間違いなかろう。S先生に転載許可の問い合わせ先を教えてもらい、早速、電話した。

だがそこで担当者から丁寧に教えてもらったのは、S先生が用いた部分は定家の自筆ではなく、安倍泰俊が書いたものであること。そこで、（まだよく事態が理解できていなかった）私は、高知県の善男善女のためにも何とかして定家の自筆で書かれた明月記の該当箇所を探すべきだと決意を新たにしたのだった。

この状況を『高知新聞』の担当者に連絡したところ「『明月記』のデータがT大史料編纂所にあるようですから、そこに連絡してみてはどうでしょうか」との助言をもらった。私はT大から給料を頂いてすでに四半世紀になるものの、自慢ではないが史料編纂所なる

ものの存在は全く知らなかった。[※9]

しかしここまできたらとことん調べるしかない。史料編纂所図書室に電話で問い合わせてみたところ、たちどころに「『明月記』であればO先生ですね」との答えが返ってきた。これには驚いた。編纂所図書室には歴史史料にチョー詳しい方が勤めているようだ。物理教室の図書室に「青木まりこ現象について知りたいのですが」という電話がかかってきたとき、たちどころに私が適任であると紹介できるだけの高度な知識を持った職員がいるとは思えない。[※10]

いずれにせよ、O先生に、『明月記』に関する問い合わせメイルを出したのが、午前10時37分。そのわずか3時間後に、O先生から、該当部のスキャン画像、漢文、訓読例まで添付した、極めて丁寧な返事を頂いた。突然の質問にもかかわらず、貴重な研究時間を割いて頂き、本当に感謝感激だ。ちなみにその返信で教えて頂いた事実は以下の通り。

＊この部分は、安倍泰俊が、藤原定家から受けた客星に関する問い合わせに対して、過去の例を列挙して送り返した勘文《かんもん》（調査結果を記したメモ）である。

＊安倍泰俊は陰陽師として有名な安倍晴明の子孫で、陰陽道や暦、天文などに詳しい家柄だった。

＊泰俊は手紙を添えてこの勘文を定家に届け、受け取った定家は、巻物である自分の日記『明月記』の途中をいったん切断し、それらを挿入した後再び貼り継いだ。
＊したがって「客星」に関する部分は『明月記』の一部ではあるが、書いたのは定家ではなく安倍泰俊である（厳密に言えば、勘文は別の人が書いた可能性もあるが、「客星」の「客」という字のウ冠の最後の画を省略する癖から判断して、手紙と勘文のいずれも泰俊が書いたものと思われる）。

ちなみに脚注8のS先生の文章によれば、日本のアマチュア天文家、射場保昭がこの『明月記』の記録を英文で紹介したことがきっかけとなり[※11]、オランダの著名な天文学者オールトらが、かに星雲の起源となった超新星であることを突き止めたとのこと。[※12]歴史史料が天文学に大きな貢献をしたとは痛快であるが、そのような意外な出会いこそ学問の醍醐味である。

ところで今回の経験を通じて、いかなるテーマに関しても専門家が生息している大学という組織の底力を痛感した。せっかくそのような恵まれた環境にいながら、自分の研究に関するごく狭い周辺以外は見ようとしないのでは宝の持ち腐れである。

そこで一念発起し、堀田善衛の『定家明月記私抄』（筑摩書房）を自腹で購入[※13]し読んでみたところめっぽう面白い。再び自慢ではないが、原文を直接引用している部分の意味はあまりよく理解できない。にもかかわらず、堀田氏の秀逸な文章のおかげで時代の流れと定家の人となりが良くわかった。

和歌の才能によって京都で恵まれた生活を楽しむ自由な貴族というイメージから、出世欲と名誉欲にまみれ、政治と文学に二股をかけ、荘園経営に苦しみ、子供の教育に悩む、という普遍的な煩悩にとりつかれた一人の人間が浮かび上がる。度重なる大地震、天候不順による飢饉、京都で横行する強盗や放火。まさに世も末のような時代にあって、天に客星（その多くは彗星のようだが）を見れば、それは何の前兆かと過去の例を問い合わせたくなる気持ちも十分理解できる。

私にとって今回は、古典と史学の面白さに初めて触れることができたという意味において、極めて貴重な体験だった。高校時代に日本史の成績が今ひとつであった私も、このようなユニークな教材があればもっと教養の高い人間になっていたかも、と思うと残念でならない。[※14]

※　※　※

1　**周知の事実**：例えば、臼井正『あすとろん』vol.5 pp.11-15（２００９）、作花一志『天文教育』vol.25, No.2 pp.15-18（２０１３）を参照。

2　**あらかじめご容赦を**：これまでの雑文は、私以外にはおそらく誰も考えていなかったであろう独創的（あるいは独断的）な話に満ち溢れていたものの、それを読んだからといって得るものがあったとは言い難い。その意味では、（独創性はなくとも）今回の話の方が格段に深い内容を含むものであり、あえてご容赦を願うのは奇妙ではある。

3　**超新星（爆発）**：強いて言えば、突発的に現れた天体を指す場合には超新星、物理現象と見る場合には超新星爆発と呼び分けるべきかもしれない。ただし、通常は明確には区別せず使っている。また、新星（連星をなす白色矮星の表面に、他方の星からの物質が降り積もる結果として起こる爆発のために明るく輝く現象）よりもずっと明るいという意味で、「超」がつけられている。若者が用いるチョーと同じ用法である。

4　**離脱派が主流**：この箇所は２０１６年６月24日に書いた。

5　**X線データの画像**：研究不正が大きな話題になっていた時に、生物系の研究ではフォトショップなどのソフトウェアを駆使して、実際の画像を修正して論文に掲載するのは普通だという話になった（むろんこれは不正や捏造というわけではない）。その際に私が「天文学では実際のデータに人為的な修正をすることは考えられない」とコメントしたところ、たちどころに「でもX線や電波など、目に見えるはずのない波長域での画像を掲載しているじゃないですか」と反論されてしまった。それ以来、私は「X線画像」ではなく、より正確に「X線データにもとづいて作成した画像」と言うように気をつけている。やがて研究不正に対する社会の基準が厳しくなってくると、牧歌的なはずの天文学者までもが吊し上げられるような時代になるかもしれない。いやな世の中である。

6 **有名な相対論の教科書**：C.W.Misner, K.S.Thorne, and J.A.Wheeler: Gravittion（W.H.Freeman, 1973）. ちなみに、2人目の著者のキップ・ソーン氏は、２０１５年にブラックホール連星からの重力波の地上検出に成功したアメリカの重力波実験を理論面から牽引したリーダーで、２０１７年にノーベル物理学賞を受賞した。

7 **本当に『明月記』？**：外国人観光客相手に京都のおみやげ物屋あたりで売っていそうな雰囲気に満ち溢れている。まさか天下の大英博物館がそうやって入手したとは思えないのだが、一応コメントしておこう。

8 **S先生**：柴田一成「明月記と最新宇宙像」京都大学総合博物館ニュースレター、２０１４年7月号

9 **T大もと暗し**：本来は「恥ずかしながら」と書くべきところのような気もする。しかし、このような無知厚顔な人物は少なからず存在するものである。30年前に、米国で博士研究員をしていた頃、何かのパーティーの折にT大法学部出身という人物と会ったことがある。「出身学科はどちらですか?」と聞かれたので、「物理です」と答えたところ、「T大に物理学科があるのですか」と驚かれた。彼は学生時代、正門しか使ったことがなく、安田講堂のはるか先に位置している一段低い場所には足を踏み入れたことがないという。さすがは「法医工文」を誇るT大である（拙著：『人生一般ニ相対論』T大出版会、２０１０）。

しかしながら今では正門から安田講堂を望んだ時に、物理学科が入っている理学部1号館が背後霊のようにいやでも目に飛び込んでくるため、物理学科の存在を知らない法学部生はいなくなったはずだ。さすがに理学部の復讐とは思えないが、Ｔ大学の景観問題という観点からは、この設計はいかがなものかと感じ続けている（私自身はまさにその建物に居室があるので、通常、自分の目に入ることはない）。

10　**青木まりこ現象**：ちなみに、決してそのような無意味な電話をかけてきてはならないし、私がその方面の専門家であると標榜しているわけでもない。（１５６ページ参照）

11　**射場保昭**：Iba, Yasuaki: "Fragmentary notes on astronomy in Japan", Popular Astronomy, vol.42, pp.243-251（1934）.

12　**かに星雲の起源**：N.U.Mayall and J.H.Oort: "Further Data Bearing on the Identification of the Crab Nebula with the Supernova of 1054 A.D. Part II. The Astronomical Aspects", Astronomical Society of the Pacific, vol.54, pp.95-104（1942）.

13　**自腹で購入**：当たり前だろうという人もいるかもしれないが、政治家が『クレヨンしんちゃん』を政治資金で購入することは認められているようなので、科学研究費では不可であることを強調するためにも、念を入れて明記しておく次第である。

14　**日本史の成績が今ひとつ**：自慢ではないが、私の高校の「日本史」は、明治の初め頃までで時間切れとなったため、それ以降は正式な講義を受ける機会がないまま40年が経過した。さらに、私が日本史の知識として自信があった数少ない例外である「日本最古の貨幣は和同開珎」、「１１９２つくろう鎌倉幕府」は、いずれも現在では史実としては認められていないというではないか。今や、この『明月記』の記事を通じて、「１２２１年、後鳥羽上皇の承久の乱」が、私が唯一誇れる日本史ネタになってしまった。

ベンフォードの法則

世の中は不思議なことで満ちあふれている。それに気づくかどうかが、科学者の重要な資質である。これは何を隠そう、私の常日頃からの主張そのものである。今回は、日常的でわかりやすい例として、ベンフォードの法則をとりあげてみたい。

ベンフォードの法則とは何かをぐだぐだ説明する前に、その具体例から始めよう。インターネットで「世界の人口国別ランキング」を検索してみると、たちどころに一覧表が手に入る。[※1] 上位から225の国を選び、その人口の最初の桁の数字の値（1から9）によって分類してみる。例えば、約1億2700万人が住む日本の場合は1ということになる。ではここで質問。「どの数字で始まる国の数が一番多いと予想するか」

もちろん「どの数字も同じ頻度に決まっているのでは？」と訝しく思われるであろう。その一方で、知的レベルの高い読者の方々は「それが正解なら面白くもなんともないから、ただではおかんケンね」と、すでに身構えていらっしゃるかもしれない。ご安心頂きたい。

むろんそれは正解ではない。

左表の第2列が、人口の先頭の数字（第1列）別に分類した国の数である。このように、圧倒的に1が多く、数字が大きくなるにつれてその割合が低下する傾向にある。その理由はとりあえず別として、これは事実なのである。その上で、再度考えて頂きたい。「これはあたりまえなのか、それとも単なる偶然なのか？」と。

1938年、フランク・ベンフォードは「異常な数字の法則」という論文を発表した。[※2] これは、自然界のいろいろな数字の分布において、その最初の値が n である確率が $\log_{10}(1+1/n)$ となることを主張したものである。これは現在ベンフォードの法則として広く知られている。この法則によれば、$n=1$ は30・1%、$n=2$ は17・6%、$n=3$ は12・5%、$n=4$ は9・7%、……となる。この確率を用いて、表の第2列に対応する予想値Nとその誤差を計算したのが第3列である。確かに不思議なほどよく合っている。

ところで、「科学上の発見には本当の発見者の名前がつけられることはない」というスティグラーの法則をご存じの方がいらっしゃるかもしれない。[※3] 今回のベンフォードの法則もまたその例にもれず、その50年以上前の1881年、天文学者サイモン・ニューカムによって指摘されている。[※4]

ニューカムは、太陽系惑星や月の軌道の正確な決定に大きな貢献を残した。特に地球か

先頭の数字	国別人口データ（225ヶ国）	ベンフォードの法則	論文被引用回数データ（177編）	ベンフォードの法則
1	68	68±8	45	53±7
2	33	40±6	33	31±6
3	30	28±5	30	22±5
4	22	22±5	24	17±4
5	25	18±4	14	14±4
6	12	15±4	6	12±3
7	13	13±4	11	10±3
8	12	11±3	8	9±3
9	10	10±3	6	8±3

ら観測される1世紀あたり5000秒角程度の水星の近日点移動の値のうち、43秒角はニュートン力学では説明できないことを示した。[※5] このずれは、その後アインシュタインの一般相対論によって見事に説明されることになる。予言値と実際の観測値の間のわずか1%程度しかないずれをごまかすことなく、当時の理論（ニュートン力学）と矛盾することを正しく指摘していた天文学者たちは、アインシュタインと同等に偉大であったと、私は常日頃感心するばかりである。

　さて、関数電卓やコンピュータがない時代に、このような惑星軌道計算を行うためには対数表が必須である。対数表とは基本的には、実数 x に対する $\log_{10}x$ の数値（x を10の y 乗と書き直した時の冪《べき》指数 y の値が $\log_{10}x$ である）をずらずら書き並べた表（を冊子にしたもの）で、かつて数値計算をする際には、それを何度も繰り返し参照しながらせっせと手計算する必要があった。ニューカムによれば、対数表を使って計算する人は誰でも、その最初のページ、すなわちxの値が1で始まる場所が、後半のページに比べてはるかに汚れがひどく、すり切れてしまうことに気づいていたらしい。彼は、この経験事実は、その数値の対数$\log_{10}x$が一様に分布していると仮定することで説明できると結論した。

ベンフォードも、ニューカムの結果は知らないまま、同じく対数表は初めの部分ほど汚れてしまうという観察事実から同じ結論に至る。さらに彼は、自然界あるいは社会、経済における多様な現象のデータに対して、それらの先頭の数字nを調べ上げ、その出現確率が上述の$\log_{10}(1+1/n)$と一致する例が広く存在することを示した。以来、この事実はベンフォードの法則と呼ばれるようになったようだ。

ベンフォードの法則は、直感に反するにもかかわらず、予想外に広範囲の独立な現象において普遍的に成り立つ点が面白い。今や、ありとあらゆるデータがインターネットで簡単に入手できるため、それぞれに対してベンフォードの法則が成り立つかどうか試してみることも容易である（実はそれをエクセルで実行するやり方を紹介したサイトすら存在する）。

対数で一様に分布する変数の場合

$$P(x) \propto \frac{1}{x} \qquad \Rightarrow \qquad P(x)dx \propto \frac{dx}{x} = d(\ln x)$$

したがって先頭の数字が n となる確率は

$$P_n = \frac{\int_n^{n+1} P(x)dx}{\int_1^{10} P(x)dx} = \frac{(\ln x)\Big|_n^{n+1}}{(\ln x)\Big|_1^{10}} = \log_{10}\left(1 + \frac{1}{n}\right)$$

哀しいことに職業的科学者は自分が今まで出版した論文が他の論文で何回引用されているかという被引用回数を気にすることが多い。[※6] その論文ごとの被引用回数の最初の数字もまたベンフォードの法則にしたがっているらしい。私が2017年までに出版した全177編の査読論文について調べてみた結果が、表の第4列である。驚くべきことに、わずかこの程度の論文数のデータに対しても、誤差範囲でほぼベンフォードの法則の予想値（表の第5列）と一致している。

これらの事例の背後で何が起こっているのかをすっきりと理解するには、対数とその微分に関する知識が必要である。それを知っている方なら、たちどころに納得できるだろう。一方、それを知らない、あるいは忘れてしまった（習ったことすら覚えていない場合も含む）方に対してわかりやすく説明するのは困難である。しかし、ここは我慢してしばし読んでみて頂きたい。

　そもそも世の中は不公平である。少ない収入で頑張ってやりくりしている人々が大多数であるにもかかわらず、日本では人口の約１・７%に過ぎない金融資産１億円以上の富裕層が、全世帯金融資産の18・５%を占めているらしい。皆さんの身の回りにも、年収数百万円という友人は数多いはずだが、数千万となると友人はおろか知り合いまで含めてもごく少数だろう。[※7] つまり、世帯の金融資産額をxとし、それがxから$x+dx$の範囲にある世帯数の割合を$P(x)dx$とした場合、その確率密度$P(x)$は一定ではなく、xが大きくなるほど激しく減少するのだ。

　この教訓を一般化して、確率密度$P(x)$がxに反比例する事象に対して、xの先頭の数字が（10進法で）nとなる確率を計算してみると、すでに登場した$\log_{10}(1+1/n)$になるのである。この計算は大学入試の数学レベルではあるが、念のためにボックスにまとめておいた。[※8] その肝は、$P(x)$がxに反比例するならば、その対数$\ln x$は一様分布する点にある。これは対数の微分を知っていれば当たり前なのだが、知らない場合にすっきり分かってもらうのは難しかろう。しかしあえて少し補足してみたい。すでに述べたように、対数とはその数字を$x=10^y$と書き直した時の冪の値yにほかならない。したがって、対数が一様分布する簡単な例として、$y=1, 2, 3,$ ……と変化する場合を考えると、xは10,100,1000、……つまりその先頭の数字はすべて1になっているではないか。もう少し間隔を狭めて、$y=1.0, 1.1, 1.2, 1.3$、……と変化させて対応する10^yの値を電卓で計算させれば、やはり1の出現頻度が高いことがわかる。この操作をもっと細かくすればどうなるかを示しているのが121ページのボックスの計算結果なのである。[※9]

といっても、これはベンフォードの法則が成り立つ「理由」を説明したわけではない。世の中の現象には、そこに登場する数値そのものが一様に分布するのではなく、その数値の対数が一様に分布するような例が多い、と言い換えただけだ。つまり、なぜ対応する確率密度$P(x)$がxに反比例するのかは何も説明していない。

それにしても、これはなかなか興味ある結果だ。世帯の金融資産、国別人口、論文の被引用回数、日本の市町村別人口、株価、河川の長さ、領収書の金額、などなど、およそ共通性があるようには思えないもののデータがいずれもベンフォードの法則にしたがっていることがすでに知られている。むろんそれらについて、いろいろと理由をこねくり回した研究も数多くなされているし、ある程度それらの背後にある普遍性は説明できそうな気がするが、ここではそれ以上深入りせず、単純にこの事実を鑑賞しておくにとどめたい。

実はこの話を通じて今回強調しておきたかったのは、対数および微積分という概念の大切さである。[※10]大多数の国民の方々からは、そんなものは日常生活には全く関係なく役に立たない、とみなされているのではあるまいか。それどころか敵視すらされているかもしれない。しかし、それを知らないと、「ご自分の好きな統計データを選んで、その先頭の数字がいくつになるかを賭けませんか？」といったベンフォード詐欺に引っかかる危険性が高いことを、日頃から認識しておくべきではないだろうか。そのためにも高校での基礎数学の教育は本質的である。

ちなみに、万が一そのような場面に遭遇したら、鼻高々に「1」と答えるのではなく、直ちに警察に通報することをお勧めする。

※　※　※

1　**人口の国別ランキング**：例えば http://www.globalnote.jp/post-1555.html。

2　**異常な数字の法則**：Frank Benford, "The law of anomalous numbers", Proceedings of the American Philosophical Society, 78, 551 (1938).

3　**スティグラーの法則の本当の発見者**：UP誌の連載記事の脚注では「ウィキペディアによれば、この法則に名前を冠せられているシカゴ大学の統計学者スティーブン・スティグラーは、その法則の真の発見者は社会学者のロバート・メルトンであると主張しているそうだ」と述べた。しかしその後、T嬢より「T大出版会社会学編集担当者から、その人はメルトンではなくマートンであるとの指摘があった」との連絡を受けた。すぐに日本語のウィキペディアを確認したところ、確かにマートンとなっている。この事実は少なくとも次の3つの意味をもつ。まず、私は英語版のWikipediaを参照したのであり日本語版は見ていなかったこと（全く自覚してなかった）。次に、その名前を見てすぐさまおかしいと判断できるだけの知識をもった社会学者のどなたかが、この雑文を読んでおり既知の社会学編集担当者にコンタクトしたこと（ひょっとすると青木まりこ現象の専門家かもしれない）。最後に、そのような指摘が社会学編集担当者を通じてなぜか匿名性を保ったままT嬢経由で私に伝達されたこと（ひょっとしたら、この雑文を読んでいることを恥じているのかもしれない）。

4　**サイモン・ニューカム**：Simon Newcomb,"Note on the Frequency of Use of the Different Digits in Natural Numbers",American Journal of Mathematics, vol.4, 39（1881）．ちなみに、日本語のウィキペディアではニューカムとなっているが、今度は逆に、本当はニューコムだと指摘してくる天文学者がいないか不安で仕方がない。

5　**43秒角**：これを最初に計算したのは、フランスの天文学者ルヴェリエである。彼は、天王星の軌道のニュートン力学からのずれをもとに、その外側にある惑星の存在を予言し、１８４６年の海王星の発見に本質的な貢献をした。さらに、１８５９年には水星の近日点移動のニュートン力学からのずれもまた未発見の惑星に起因すると唱え、それをローマ神話の火の神にちなんでヴァルカンと名付けた。早速その年にアマチュア天文家がその惑星を発見したとの報告があったのだが、その後否定された。このあたりの事情はトマス・レヴェンソン『幻の惑星ヴァルカン』（亜紀書房、２０１７）参照。ルヴェリエが推定した水星の近日点移動は1世紀あたり39秒であったが、その精度をさらにあげて、本質的には現在と同じ推定値である43秒に修正したのがニューカム本人である。しかも彼はニュートン理論と一致するかどうかという先入観とは無関係に、淡々とより正確な値を計算しただけという点が素晴らしい。科学者は怪しげな仮説を振り回す以前に、信頼できる数値を導くことの方に努力するべきなのである。

6 **論文の被引用回数**：もちろん程度問題ではあるが、論文の意義よりも、被引用回数という数値データだけが一人歩きしてしまっている現状は決して褒められたものではないと思う。

7 **知り合いの年収**：ただしその場合でも事実を隠している可能性は高い。さらにかつては仲の良い友人だったにもかかわらず、年収数千万になった結果、知り合いですらなくなってしまった場合もあろう。

8 **対数の性質**：理科系の読者の方々にとっては、あえて書く必要もないほど簡単な結果である。むしろ、数学関係者のなかには、「xの範囲を定義しないと許さんケンね」とかいろいろと面倒くさいことを言い出す人もいるかもしれない。ま、そのあたりはご容赦を。

9 **「1」の出現頻度と対数グラフ**：もしも対数グラフというものを使った経験があれば、対数軸に沿って一様に点を打ってみると、それらの点に対応する数字がまさにベンフォードの法則にしたがうことは直観的に理解できるだろう。対数軸の目盛り間の長さを測ってみれば、直接確かめることもできる。それを計算したのがボックスである。

10 **対数および微積分の大切さを訴えたい**：予想外の結論だったかもしれない。「ここまでの文章を読んで、筆者が伝えたかったメッセージを50字以内で述べよ」という問いが出されても正答できる人は皆無であろう。

第3章

地球を取り巻く宇宙

138億年前の光

天文学の目標の1つは可能な限り遠くの宇宙を見ることである。しかし、光の速さを超えて伝わる信号は存在しないため、我々は宇宙が誕生して以来現在までの経過時間（宇宙年齢＝138億年）に光速をかけた距離までしか観測できない。これこそが、遠くの宇宙は過去の宇宙でもある理由にほかならない。現在知られている最も遠方の銀河は今から約130億年前のものである。それより遠く（＝過去）になると、天体から発せられる光が暗くなる上に、そもそも天体自身がほとんど誕生していない。このため、個々の天体からの光を用いて過去の宇宙を探ることは困難となる。

宇宙誕生直後の姿

幸いなことに、天体が誕生する以前の宇宙は高温・高密度の状態にあったため、それ自身がいたるところで光輝いていた。現在の我々に向かって、宇宙のあらゆる方向からほぼ等方的に到来するそのような光は、主としてマイクロ波と呼ばれる０・１ミリメートルから10センチメートル程度の波長域であるために宇宙マイクロ波背景輻射（ＣＭＢ：Cosmic Microwave Background Radiation）と名付けられている。その存在は、ビッグバン理論の生みの親であるジョージ・ガモフと彼の学生らの研究によって１９４０年代末に予言されていた。そのＣＭＢの信号は、アルノ・ペンジアスとロバート・ウィルソンが、ベル研究所で衛星通信の受信システムを開発中の65年に偶然発見された。両名は、78年のノーベル物理学賞に輝いた。

このＣＭＢは我々を中心とした半径１３８億年の天球面宇宙の（地平線球面）から発せられたものでしかない。それより遠くの宇宙は完全に電離しているために、光に対して不透明であり我々はその先、すなわち、さらに過去の宇宙の姿を観測することは原理的に不可能なのである。詳しい計算によれば、ＣＭＢは宇宙が誕生してから約38万年後に発せられた光に対応していることがわかる。38万年と聞くと途方もなく長いようであるが、現在の宇宙年齢のわずか０・００３％でしかない。その意味では、宇宙の誕生直後の姿をそのまま伝えてくれていると考えて差し支えない。

このようにＣＭＢは我々が観測できる最も初期の宇宙の貴重な情報源であり、宇宙論研究の中心テーマとなっている。地上からの観測の限界のため、専用観測衛星を打ち上げることで多くのブレークスルーが生み出されてきた。89年にＮＡＳＡ（米国航空宇宙局）はＣＯＢＥ（Cosmic Background Explorer：コービ）、２００1年にＷＭＡＰ（Wilkinson Microwave Anisotropy Probe：ダブリューマップ）を打ち上げた。これに対してＥＳＡ（欧州宇宙機関）は09年にPlanck（プランク）を打ち上げた。１３３ページの図１は13年3月に発表されたプランクのＣＭＢ温度ゆらぎ全天地図である。この地図の見方を少し説明しておこう。

地球の2次元表面を、平面になるように適宜展開したものがよく見る世界地図で、いわば地球儀を外から眺めて切り開いたようなものである。図１のＣＭＢ地図は、これとは逆に、いわば我々を中心とした天球儀を内側から眺めて切り開いたものである。地図の赤道にあたる部分は銀河面（我々が所属する天の川銀河は薄い円盤状に星が分布しており、その平面を銀河面と呼ぶ）を真横から眺めたものに対応する。

図の濃淡はその方向から来るＣＭＢの光の温度の違いを表す。現在のＣＭＢの平均温度は約２・７ケルビン（摂氏マイナス２７０度！）であるが、この地図上での濃淡の差は、典型的にはそのわずか10万分の１程度の温度差に対応しているにすぎない。このように、観測されたＣＭＢ地図は、宇宙が全体としては驚くべき等方性を保つ一方で、ごくわずかの空間的デコボコ（密度ゆらぎ）をともなっていることを示す。前者は宇宙にはどこにも特別な点はないという宇宙原理に、後者はその宇宙において現在の多様な天体諸階層を生み出す種に対応する。

ＣＯＢＥは初めての全天ＣＭＢ地図を完成させ、誕生38万年後の宇宙に現在の構造の種となるゆらぎが実在していることを証明した（この業績で、研究代表者のジョン・マザーとジョージ・スムートが２００５年のノーベル物理学賞を受賞）。それ以来、観測されたＣＭＢ地図の角度分解能（２点を見分ける最小の角度）は、ＣＯＢＥが７度、ＷＭＡＰが20分、プランクが５分と飛躍的に向上してきた。

その結果、ＷＭＡＰは我々の宇宙を特徴付ける多くのパラメータを正確に決定し、標準宇宙モデルを確定させた。その代表的な成果としてよく取り上げられるのは図２に示す宇宙の組成である。

ＣＭＢ地図でわかったこと

地上のすべての物質は元素から構成されているが、驚くべきことに宇宙全体から見ると元素はわずか５％程度のマイナーな成分でしかない。宇宙の約４分の１は通常の万有引力は及ぼすものの光を発することのないダークマター、さらには光らないだけでなく実効的に斥力を及ぼし宇宙膨張を加速させている宇宙定数（これを一般化した概念がダークエネルギーと呼ばれている）が約7割を占めているのである。この本質的かつ予想もしなかった結論は数多くの観測データの積み重ねによって確立したものではあるが、ＣＭＢデータが大きな貢献をしてきたことは間違いない。プランクは13年10月23日に運用を停止したが、その結果は現在に至るまで宇宙論的に重要なデータとして研究が続いている。

さて、通常の物理現象は、ある時刻での初期条件が与えられれば、物理法則によってその後の振る舞いが正確に記述される。これは、宇宙そのものに対しても成り立つ。現実的には観測限界のため、ＣＭＢ全天地図という〝古文書〟の完全解読は困難である。しかし、原理的にはすべての情報はそこに書き込まれているはずだ。つまり、図１は、その後、銀河、星、惑星といった天体諸階層が誕生することのみならず、そこに生命が誕生し、意識が芽生え、知的生命体へと発展し、社会や文化を形成するという未来の設計図そのものなのである。この世界の未来がすべてこの図１に書き込まれているのだと想像すると、何やらワクワクしてくるのではなかろうか。

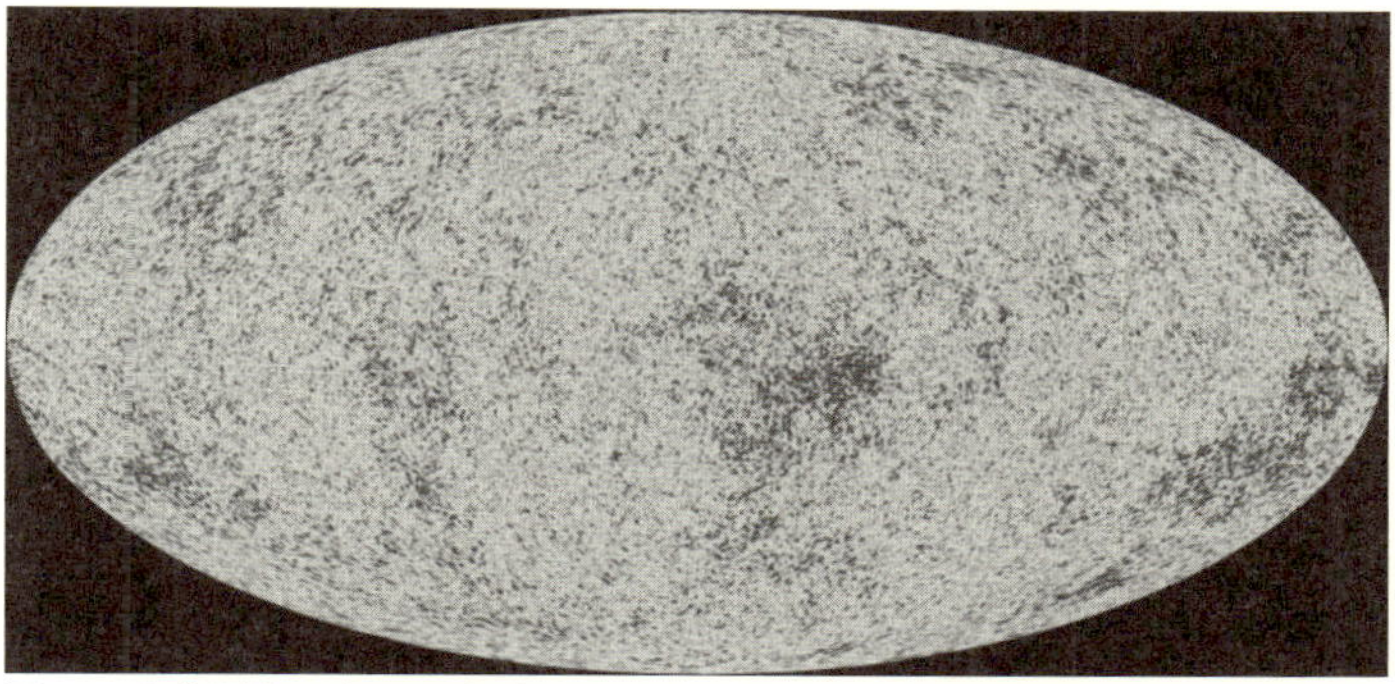

図1　宇宙誕生から38万年後に発せられたマイクロ波強度から作成された全天地図。図の濃淡は温度の違いを表す（濃い部分は温度が低い）
（出典）プランク衛星のホームページhttp://www.rssd.esa.int/index.php?project=Planck

図2　CMBでわかった宇宙の組成

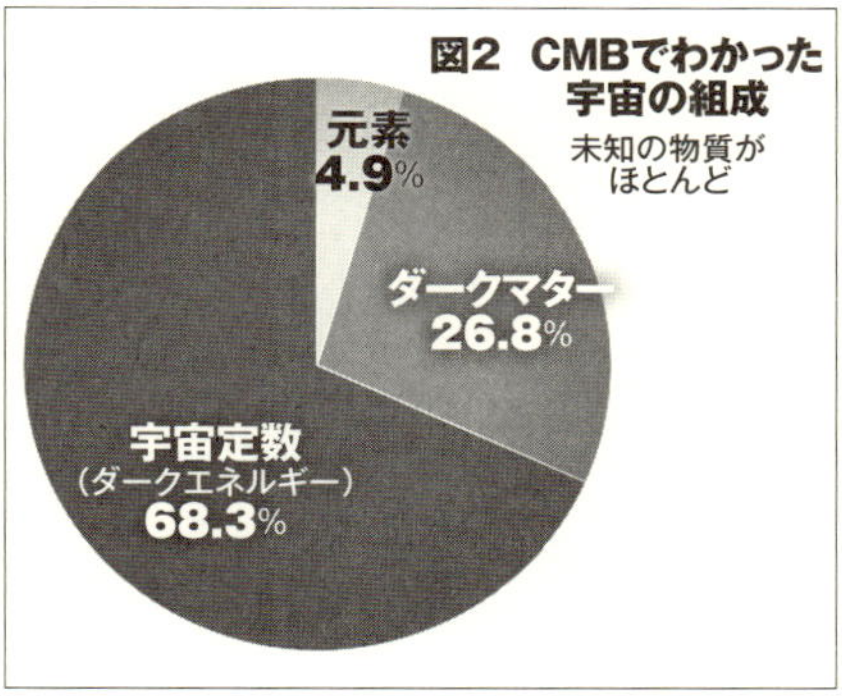

太陽系外惑星

古代中国から伝わる五行説は、木・火・土・金・水の5元素が万物を構成するという、いわば現代の素粒子論に対応する思想である。これらが昔から知られていた5つの太陽系の惑星の名前に対応していることからもわかるように、昔の中国では地上のみならず天の世界もまたこの五行説に支配されていると考えられていたのではあるまいか。さらに、地球から見ると同じく天空を動いている太陽と月を付け加えると、現在の曜日の名前である日月火水木金土となる。これからも、この五行説がいかに日常生活にまで深く浸透していたかがしのばれる。

ある意味では地球中心思想とも解釈できるこの世界観は、コペルニクス、ケプラー、ガリレオ、ニュートンらによって、地球を相対化した地動説へ、さらにより普遍的な現代物理学へと変貌する。その過程での天文学の発展は、地球に代表される宇宙における我々の位置を、特別なものからごくごくありふれたものへと引きずり下ろす歴史であったともいえる。とすれば、広い宇宙には我々が住む「地球」と似たような惑星が満ちあふれていると想像する方が自然であろう。

困難だった暗い惑星の発見

このように惑星の存在は、小学生でもたちどころに思いつく程度の単純な予想である。にもかかわらず、我々の太陽系の外に惑星があることが科学的に確認されたのはなんと1995年。それ以前は太陽系以外に惑星が存在しているかどうかは全くの謎であった。それどころか『猿の惑星』（68年）や『惑星ソラリス』（72年）といった有名なSF映画では、地球外知的生命体の存在すら論じられていたにもかかわらず、多くの科学者は太陽系以外の惑星系の存在にはむしろ否定的だった。

今から考えてみると、太陽系だけが特別であるといった考えが主流であったとは驚きを禁じ得ない。太陽が地球の周りをではなく、地球が太陽の周りを回っていること。太陽は天の川銀河の中心ではなく、ずっと端の場所に位置していること。天の川銀河は宇宙に無数にある銀河の一例に過ぎないこと。古代ギリシャ以来数千年にわたる天文学の進歩がもたらしたこれらの宇宙観の変革は、我々の地球が宇宙において特別な位置を占めているという誤った偏見を改め、全く平凡な存在であることを確認し続ける歴史だったと解釈してもよいくらいなのである（宇宙平凡性原理あるいはコペルニクス原理と称されることがある）。とすれば、太陽系もまた宇宙に無数にある惑星系の一例に過ぎないとする方がはるかに科学的な結論に思える。といっても、現在から過去の歴史を振り返ってあれやこれやと批判してみたところで意味はない。むしろ発見前後の事実だけに絞り、以下紹介してみよう。

太陽系外にも別の惑星系が存在するかどうかは、世界観の基礎をなす極めて基本的な問いであり、決して天文学者だけの疑問にとどまらない。しかしながら、その検出が非常に難しいこともまた事実である。太陽系を遠くから観測した場合、最も大きい木星ですら、その明るさは太陽の1億分の1程度に過ぎず、木星を直接検出することは（少なくとも現時点では）ほぼ絶望的である。存在を知るカギになるのは、中心にある恒星のわずかな動きにある。太陽は木星の公転の反作用として、時速50キロメートル程度の速度で共通重心の周りを公転運動している（他の惑星の影響もあるが木星に比べると無視できる程度でしかない）。同様に、公転運動している恒星を見つけることができれば、その周りの惑星の存在を間接的に知ることができる。

運動している恒星からの光はドップラー効果によって波長がわずかにずれる。このずれの測定から恒星の運動速度がわかり、それが周期的に変動していればその周りにある惑星

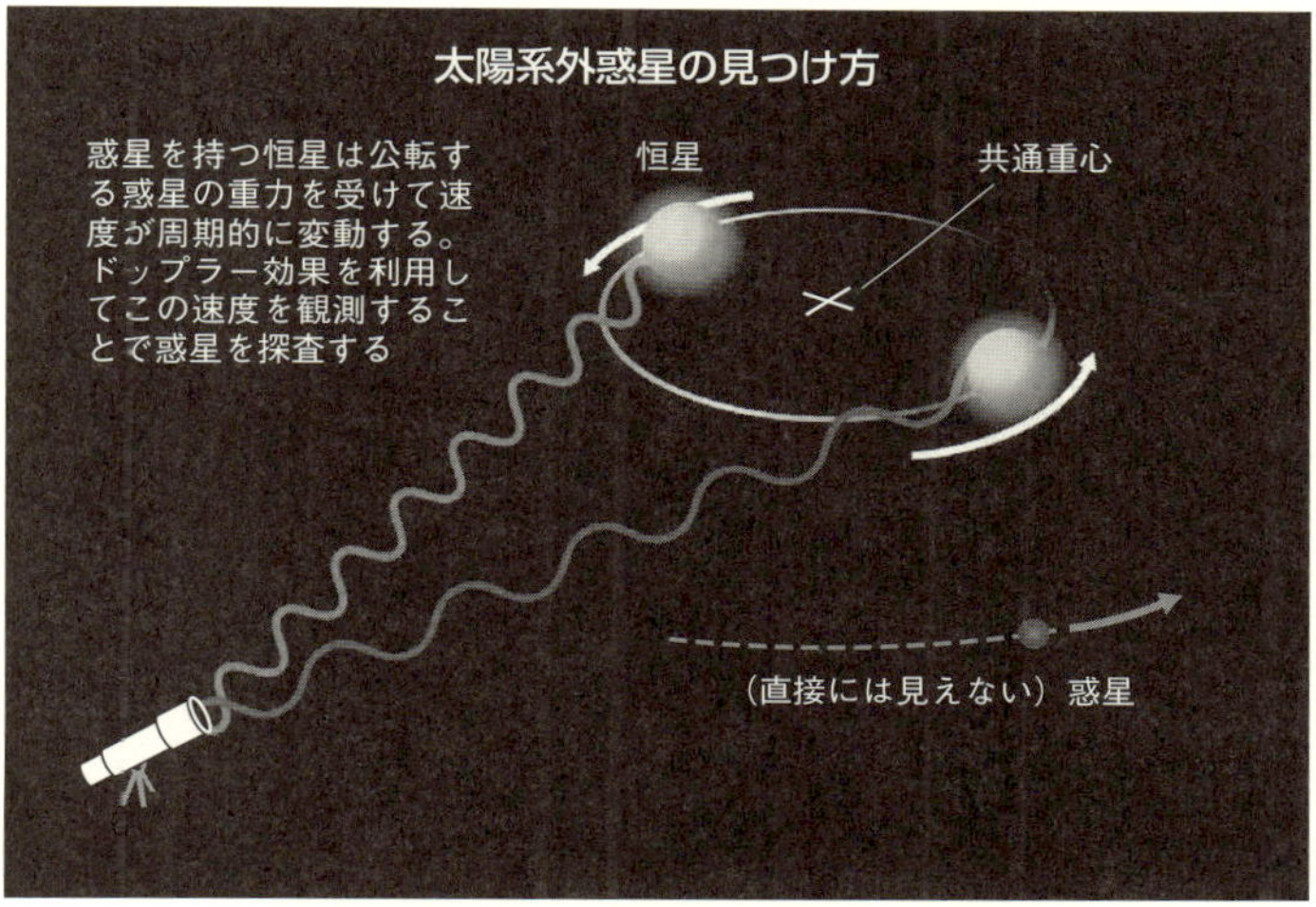
太陽系外惑星の見つけ方
惑星を持つ恒星は公転する惑星の重力を受けて速度が周期的に変動する。ドップラー効果を利用してこの速度を観測することで惑星を探査する
恒星
共通重心
（直接には見えない）惑星

の質量と公転周期が推定できる。

実は90年代の前半にはドップラー効果を用いて、時速50キロメートル程度の恒星の視線速度の周期的変化を検出できる装置は完成していた。したがって、太陽系と同じスケールの惑星系があればこの間接的手法によって発見できたはずなのである。しかし、太陽系の木星の公転周期は12年であるため、10年程度の長期間観測を継続する必要があり、本当に系外惑星が存在すると確信できない限り10年以上を無駄に過ごすリスクの高い研究であった。

95年8月、ブリティッシュ・コロンビア大学のウォーカーらのグループは、12年間にわたり21個の恒星を継続的に観測したものの、15年以下の公転周期を持つ1から3

倍木星質量の惑星は存在しないとの否定的な結果を発表した。彼らの論文をよく読むと、毎年、連続した2晩の観測を3回から6回行うという戦略を12年間続けたとある。おかげで40日間程度以下の短周期の惑星の存在には感度がなかったことがわかる。むろん、太陽系の木星の周期12年を念頭において、このような観測方針をとることは極めて当然であり、決して間違っていたとは言えない。

ホットジュピター発見

一方、スイスのジュネーブ天文台のミシェル・マヨールらは、77年から13年間かけて291個の恒星の視線速度を定期的に観測し、37個の恒星の視線速度の周期変化を検出したものの、それらは惑星ではなく恒星を伴った連星系ばかりであった。そこで、有意な視線速度変化が検出できなかった142個の恒星を選び、94年4月から、フランスのオートプロバンス天文台のELODIEと名付けられた装置でさらに精度の高い観測を開始した。驚くべきことにその1年後、大学院生であったディディエ・ケロとともにペガスス座51番星の周りをわずか4・2日の周期で公転する0・47倍木星質量の惑星51Peg bを発見したのである。その結果は95年8月29日に『ネイチャー』誌に投稿され、同年11月23日号に掲載された。

彼らの発見は、天文学者に歴史的にもまれにみる大きな衝撃を与えた。まず、51Peg bとその中心星との距離は、太陽と地球の距離の20分の1、すなわち、太陽と木星の100分の1でしかない。そのため、51Peg bの表面温度は絶対温度で1300度にも達すると考えられ、ホットジュピター（熱い木星）と呼ばれるようになった。次に、その公転速度は時速200キロメートルであり、分光器の検出限界の約4倍もの振幅であった。つまり、検出感度ぎりぎりのものが初めて発見されたわけではない。実際、マヨールがこの結果を国際会議で報告した後、論文が出版される直前の10月中旬までに、独立な2つの観測グループが追観測に成功している。

それまでは4・2日という短周期で公転している惑星など全くの想定外であったために、単に見逃されていたに過ぎないのだ（前述のウォーカーのグループは40日より長周期の惑星に照準を当てていたことを思い出してほしい）。

トランジット観測

2012年6月6日に金星の太陽面通過が話題となった。141ページの写真で示すように通過の様子を観測できるのは、金星とわが地球がほぼ同じ公転面上を運動しているためである。たとえて言えば、同じレコード盤上を回っているようなものだ。それと同じく公転軌道が我々の見る方向と重なっている系外惑星があれば、一公転ごとにその中心星を横切る（トランジット）様子が観測できるはずである。といっても惑星は小さすぎるので、金星の場合とは異なりその影を直接分離して検出することはできない。そのかわり、惑星が中心星の一部を隠すことによるわずかな周期的減光は検出できる。地上からの観測精度では、木星程度の惑星の検出が限界だが、大気圏外へ探査機を打ち上げれば地球程度の小さな惑星まで検出可能となる。このトランジット法からは惑星の面積、すなわち半径が推定できるので、前述の速度変化の観測から推定した質量と組み合わせれば、惑星の密度がわかる。したがって、その主成分がガスなのか、あるいは岩石なのかまでも突き止められる。

その目的のために2009年3月6日に打ち上げられたのが米国のトランジット惑星専用探査機ケプラーである。2013年8月に姿勢制御系が故障して観測停止するまでの約3年半もの間、白鳥座付近の恒星約15万個を繰り返しモニターし、膨大な数のトランジット惑星候補天体を報告した。2008年までに発見された惑星が400個足らずであったのに対して（1995年が初発見であったことを考えると、これ自体が驚くべき数なのだが）、2016年までにケプラーが新たに検出した惑星は2500個である。それ以外の観測も含めると、2018年3月8日時点で確認されている惑星は3743個、惑星系は

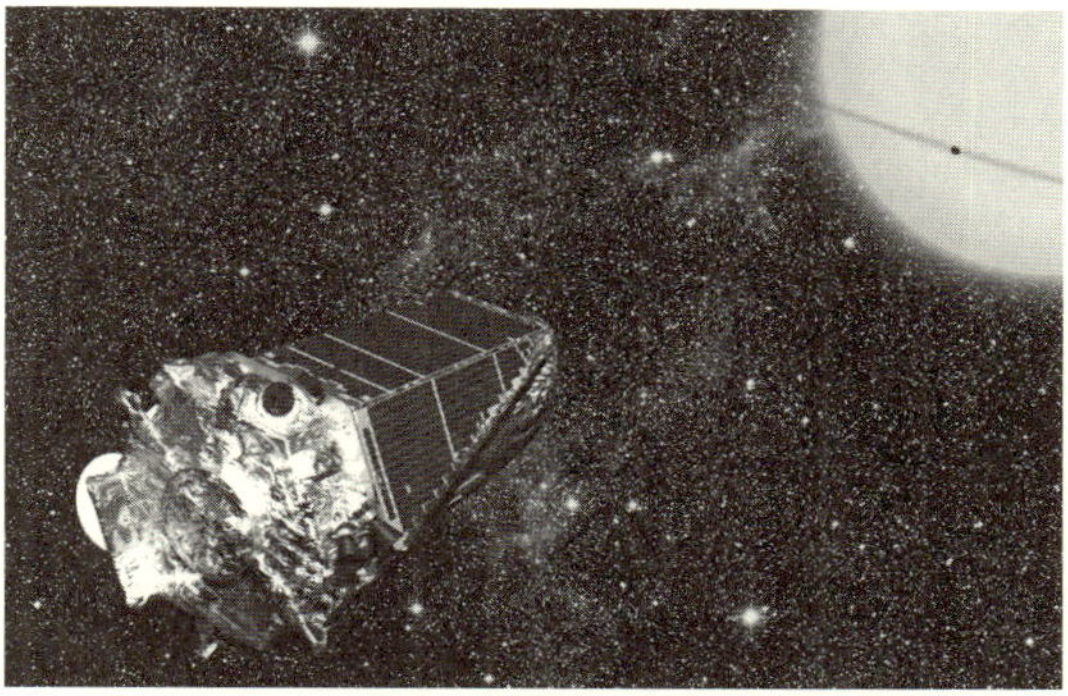

太陽系外で第二の地球を探すケプラー探査機のイメージ図（Credit NASA Kepler mission/Wendy Stenzel）

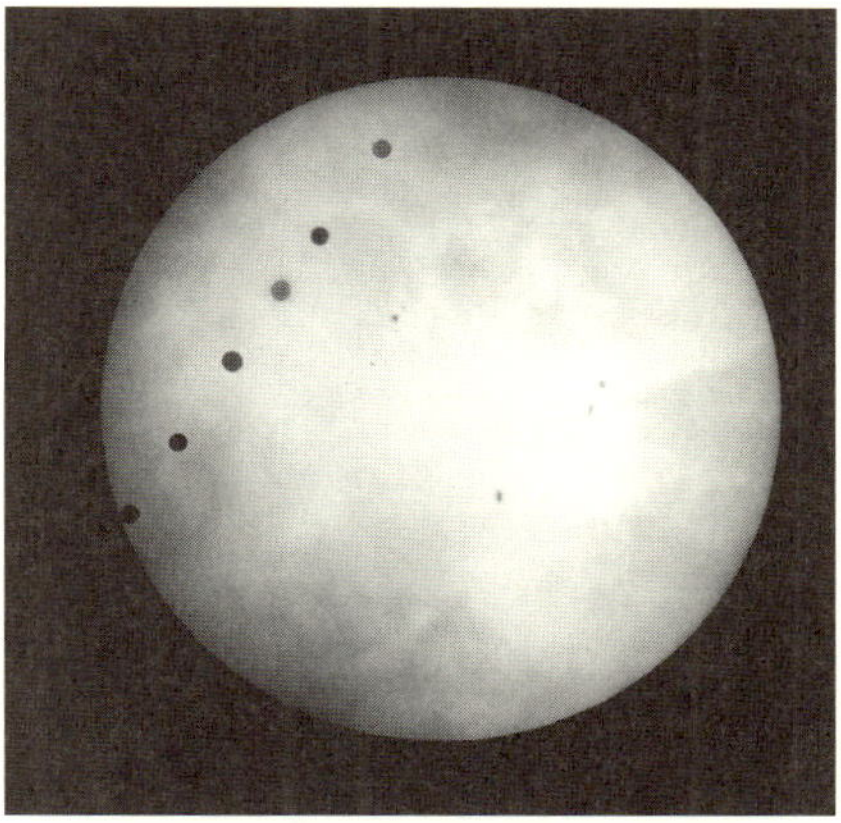

太陽の表面に現れた金星。午前7時28分（左下）から約1時間おきに撮影した写真6枚を合成（写真の上下は、初めに金星を撮影した時の地上から見た太陽が基準＝沖縄県名護市で2012年6月6日、須賀川理撮影）

2796個（この2つの数が一致しないのは複数の惑星を持つ多重惑星系が625個存在するため）。まさにケプラー探査機が革命をもたらしたことがよくわかる。

生命の兆候を探索

ケプラーは、地球と同じ岩石惑星で、しかも中心星からの距離から考えて仮に水が存在すればそれが液体として存在しうる温度であると推測されるハビタブル惑星（適温惑星）候補もいくつか発見した。当然これらに生命の兆候があるかどうかを探してみたくなる。生命の兆候を示す指標はバイオシグニチャーと呼ばれており、地球大気に存在する酸素やオゾン、メタンといった分子の検出が代表例である。地球においては、これらの分子はすべて生物活動に由来すると考えられているからだ。

我々は植物の葉っぱの色が系外惑星のバイオシグニチャーとして利用できないだろうかという研究を進めている。遠方から地球を観測したとすれば、観測分解能の限界のために単なる点にしか見えない。まず太陽からの光を隠して、地球からの光だけを分離して検出することが必要である（これとて、現時点では中心星から遠く離れた巨大ガス惑星に対して数例成功しているのみ）。ましてや、地球の表面分布地図を描くことは不可能である。

一方、地球は24時間周期で自転しているから、その見かけ上の色は時間変化する。ゆっくり回る地球儀を遠くから眺めた場合と同じく、森なのか海なのかは直接わからずとも、地球を観測する側からはサハラ砂漠、太平洋、アマゾンのジャングルなどが現れるにつれ、微妙に赤みがかったり、緑っぽくなったりといった色の変化が生まれる。それを詳細に観測し解析することで、空間的には単なる「ドット」にすぎずとも、その表面に、海、大陸、森林、氷、雲など成分がどの割合で存在するかは推定できるはずだ。

地球型惑星に生命の兆候を探るという野心的な試みは、何をバイオシグニチャーとすべきかという問題に加えて、それを可能とするだけの観測技術の向上もまた不可欠である。にもかかわらず、「第二の地球」探しへの道は着実に開けつつある。これから数十年以内に、地球上で我々が培った世界や生命という概念を塗り替えてしまうような歴史的発見の瞬間に立ち会えるかもしれない。

地球をおそう小天体の脅威

宇宙の年齢は１３８億年。想像もつかない長さである。このため宇宙に存在するほとんどの天体現象は我々人間の一般的な寿命程度では全く時間変化しないに等しい。一方、短い時間で変化する天体現象が我々の興味を引きつけてやまないのも事実である。そもそも朝になると太陽が昇り、夕方に太陽が沈むと空に星が登場すること自体が、地球の自転という天文現象の帰結にほかならない（星という漢字が、「日」の後で「生」まれると書かれていることを思い起こして頂くのもまた一興であろう）。さらに、月の満ち欠け、流れ星、日食、月食などは望遠鏡なしで直接見ることができるため、楽しみながら天文学に親しめるよい機会である。

さらに、星の前を横切ってその明るさを周期的に変えるトランジット惑星、重い星の最後の大爆発である超新星、重力波を放射することでその公転周期が徐々に短くなる中性子星連星系などは、時間変化する天体現象が天文学研究の最前線である顕著な例となっている。

一方で、これらの時間変化するまれな天体現象は、定常的に繰り返しモニターしておく必要があるため、広大な夜空から見つけ出すことは難しい。そもそも、遠方の天体からの光は微弱であるため、数時間から何日間も一つの対象天体を観測し続けてやっと信号が検出できる場合も珍しくない。通常は同じ天体を違う時期に再度観測しても結果は変わらないはずなので、貴重な望遠鏡の稼働時間は別の天体に割り当てられる。というわけで、短い時間スケールで変化する天体現象を発見するためには、どうしても異なる観測戦略に基づいた専用望遠鏡が必要となる。逆に言えば、そのような観測を通じて新たな天文学が開拓される可能性もある。そのような時間変化する突発天体現象の研究を意味する、時間領域天文学（time domain astronomy）という言葉も普及してきた。

そのための専用望遠鏡として建設されたのが、パンスターズ（Pan-STARRS：Panoramic Survey Telescope And Rapid Response System）である。米ハワイ大学、マサチューセッツ工科大学などが建設を計画、ドイツ、英国、台湾などの大学も参加して運営している。当初はハワイ島マウナケア山あるいはマウイ島ハレアカラ山に口径1・8メートルの望遠鏡4台を設置する計画であったが、予算の問題のため現時点ではハレアカラ山にPS1とPS2の2台が完成しているのみである。

UFOよりも怖いNEO

パンスターズはわずか約30秒間の露光時間で、同時に約7平方度（1平方度は空の上で一辺を1度とする正方形の面積）という広視野領域を撮影できる。1日当たり約8時間観測すれば、原理的には8時間×3600秒／30秒×7平方度＝6720平方度の空がモニターできるはずだ。実際には天候や観測装置の関係で、一晩で観測できるのは6000平方度程度のようだが、ハワイから観測できる空は全天で約3万平方度なので、わずか5晩で全天モニターが完了する。月が明るいため観測できない時期を除いたとしても、天球の同じ領域を1週間おきに繰り返し観測し、異なる時刻で撮影された画像を比較することで時間変化する天体現象を根こそぎ検出することが可能となるわけだ。

ここまでの説明からは全く意外かもしれないが、パンスターズの最も重要な目的は、単なる天文学ではなく、地球に衝突する可能性のある彗星や小天体などの地球近傍天体（NEO：Near Earth Objects）の発見である。ややうさん臭い印象を持たれるかもしれないが、これは決してSFなどではなく、場合によっては我々人類の存亡にかかわる重要な研究となりうる。

地質学的な化石の分布から、地球は少なくとも5回の大量絶滅を経験したと考えられている。具体的には、約4億4000万年前のオルドビス紀末、約3億7000万年前のデボン紀後期、約2億5000万年前のペルム紀末、約2億年前の三畳紀末、そして約6500万年前の白亜紀末（K－T境界と呼ばれる）の5回で、いずれも当時の生物種の7割から9割が絶滅したと推測されている。

特に恐竜が絶滅したことで有名なK－T境界の原因は、この時期に中米ユカタン半島付近に落ちた巨大隕石が引き金だったとされている。ノーベル物理学賞を受賞した素粒子物理実験学者ルイス・アルバレズは、1980年、地質学者の息子ウォルターとともにK－T境界にある粘土層に地球上にはほとんど存在しないイリジウムが高濃度で存在することを発見した。一方、隕石にはイリジウムが多く含まれていることが知られていたため、彼らは、直径10キロメートル程度の巨大隕石が地球に衝突した際に巻き上げられた大量の塵が太陽光を遮断したことが大量絶滅の原因だと考えた。その後、実際にユカタン半島に天体衝突の証拠と言えるクレーターの存在が確認されたため、今では巨大隕石衝突がK－T境界の原因の定説となっている。それ以外の4つの大量絶滅の原因は確定していないが、それらも何らかの天体衝突によって引き起こされたものではないかと考えられている。

この地球史が示しているように、たとえ極めてまれであろうと、小天体が衝突すると、確実に地球規模での大惨事を引き起こす。そのため、米国航空宇宙局（NASA）は20

20年までに直径140メートル以上のNEOの90%を発見することを目指しており、すでに1万2000個以上が報告されている（ちなみに2013年2月15日にロシアのチェリャビンスク州に落下して話題となった隕石は直径17メートルと推定されている）。

地球の近くを運動するNEOは、その運動に伴って天球上での位置が時々刻々変化する。したがってパンスターズのように全天を繰り返しサーベイしその画像の差を感知するような観測方式は、NEO候補の検出に最適なのだ。

もちろんNEOだからといって実際に地球に衝突するわけではない。リストアップされたNEOは継続的に観測され、そのデータを基にしてどの距離まで地球に接近するのかが正確に計算される。幸いなことに、今のところ、地球に衝突する可能性があるNEOは発見されていない。とはいえ、仮にそのようなNEOが実際に発見されたとするならば、人類が滅亡する可能性すらある。このように国防（というか、地球そのものの防衛）上の理由から、米国海軍はパンスターズに多くの研究費を援助しているほどだ。

一方、当然ではあるが、パンスターズの観測データは、冒頭で紹介した（はるかに平和的な）時間領域天文学の宝の山でもある。いずれにせよ、再び地球に小天体が衝突して人類が絶滅する以前に、未知の突発天体現象が次々と発見されることを期待してやまない。

地球外文明は存在するか？

地球以外の宇宙のどこかに生命は存在するのか。最も根源的な疑問の1つとして人々を魅了してやまない課題であるにもかかわらず、せいぜいSFの世界どまりで、まともな科学者からは敬遠されがちであった。しかし1995年、初めて太陽系外に惑星が発見されたことで風向きが変わる。現在、系外惑星研究はすでに天文学における最もホットな研究分野として確立しているが、それと同時に「宇宙生物学」というさらに大きな科学の扉を開いたといっても過言ではない。

系外惑星発見以前の宇宙生物学は、太陽系内の火星や、木星の第2衛星であるエウロパ、土星の第2衛星であるエンケラドスに生命の兆候を探ることが、唯一の科学的アプローチだと考えられていた。しかし、すでに5000個近い系外惑星候補が報告され、太陽と似た星の1割程度は水が液体として存在しうる地球型惑星をもつのではないかと推定されている現在、宇宙生物学は太陽系外を主なターゲットに移しつつある。

その場合、生物起源だと考えられる大量の酸素やオゾンの存在を天文学的に検証するという（恐らく）正攻法と、高度な地球外文明からの交信信号を発見するという過激な試みの2つに大別される。

この地球においては、文明の進歩は、電磁波を用いた交信の技術発展なしにあり得ない。この電磁波は周波数が低いほど物質に邪魔されず遠方まで届くという性質がある。そのため、交信には、可視光よりも赤外線、さらには電波が適している。特に、天の川銀河自身の放射する電波と地球大気の影響をともに避けられる周波数1ギガヘルツから20ギガヘルツ（波長にして30センチメートルから1・5センチメートル）の電波がもっとも都合が良い（携帯電話も0・7ギガヘルツから2・5ギガヘルツの範囲の電波を用いている）。このためSETI（Search for Extra-Terrestrial Intelligence: 地球外知的生命探査）は、まず電波天文学から始まった。

1960年、米国電波天文台フランク・ドレイクは、4ヶ月にわたって毎日6時間、口径26メートルの電波望遠鏡を、くじら座タウ星とエリダヌス座イプシロン星の方向に向け、中性水素の放射する波長21センチメートル（周波数1・42ギガヘルツ）帯に、高度な文明の証拠となりうる規則的な電波信号検出を試みた。これはオズマ計画と名付けられ、地球外文明らしき信号は発見されなかったものの大きな反響をよんだ。

1984年、トーマス・ピアソンは、大学と共同かつ独立にSETI研究を遂行できる機関として非営利団体SETI研究所を設立した。1993年に米国航空宇宙局が一部の科学者たちの激しい反対運動の結果、SETI研究に対する研究費を中止した。そのためピアソンは、ヒューレット・パッカード社の創始者であるデイビッド・パッカードとウイリアム・ヒューレット、インテル社の創始者の1人であるゴードン・ムーア、マイクロソフト社の創始者の1人であるポール・アレン達からの個人献金を得て、1995年から2004年までSETI研究所のフェニックス計画遂行を可能とした（アレンはSETI研究所に対して総額3000万ドル近い寄付を行っている）。

フェニックス計画は、太陽と似た近傍の恒星約1000個に観測対象を絞り、1・0ギガヘルツから3・2ギガヘルツの周波数帯を1ヘルツの分解能で信号を探査した。このような膨大なデータからほんの数個の「候補」信号を選びだすためにでさえ、膨大な計算機資源が必要となる。そのために1999年考え出されたのがSETI@HOMEである。希望者に家庭用パソコンのスクリーンセーバとしてSETIデータ解析用のプログラムを提供し、世界中のパソコンの空き時間を有効活用して大規模解析を行う。（むろん？）有意な信号は検出されていないが、226ケ国から数百万人以上の人々が参加するオープンサイエンスの具体例である。

ここまでは電波を用いたＳＥＴＩを紹介してきたが、地球外文明はレーザーのようなごく狭い周波数帯をもつ可視光を用いて交信するかもしれない。例えば、系外惑星の観測的研究の第一人者であるカリフォルニア大学バークレー校のジェフ・マーシーは、２７９６個の星（そのうち１３６８個は惑星を持つ候補天体）の周りからくる超狭帯域可視光輝線を放射する点光源がないかどうかを調べた。結果は否定的であったが、得られた制限はすでに意味のある領域に達しつつある。１００光年離れた恒星の周りを半径数十天文単位（1天文単位は太陽と地球の距離で約１・５億キロメートルなので、海王星程度の距離に対応する）で公転している惑星から地球に向けられた出力90ワットのレーザーの存在は検出できるレベルであるという。プレゼンで用いるレーザーポインターの出力は１ミリワットであるが、機械加工用の大出力レーザーは数十キロワットのものがある。つまり、電波にせよレーザーにせよ、１００光年以内にある知的文明が地球に向かって意図的に信号を発したならば、我々はすでにそれを検出可能なレベルに達しているのである。

しかし、比較的出力の小さな電波やレーザーの信号であっても検出できるのは、それらが極めて高い指向性を持つ事実の裏返しである。言い換えれば、地球外知的文明が明確な意思をもって地球に向けた信号を発射しない限り、我々が検出することはあり得ない。

では、逆に我々の方から信号を発し、それを受信した知的文明に返事をもらうのはどうだろう。つまり地球外知的文明からの信号を待って観測するだけの受動的ＳＥＴＩではなく、積極的に能動的ＳＥＴＩを行ってはどうか、というわけだ。

実はドレイクは、１９７4年11月16日にプエルト・リコのアレシボ電波望遠鏡から、約２万５０００光年離れた球状星団M13に向けて電波信号を送っている。これはアレシボ・メッセージと呼ばれ、１から10までの数字、ＤＮＡ、人間、太陽系、望遠鏡に関する情報が含まれている。しかしこれには反対する科学者も多い。２０１５年2月に行われた米国科学振興協会会合では、マーシーを含む宇宙科学研究者らによる能動的ＳＥＴＩの是非に関する論争が行われた。地球外知的文明が存在しないとすれば、このような試みは無害であるが同時に無意味でもある。しかし、仮にそれが実在したとすれば、それらは我々地球文明に対して友好的である保証は全くない。とすれば、それらに我々の存在を教える信号を発するのは、将来の地球文明を滅亡させかねない極めて軽率で危険な行動だというわけだ。

ＳＥＴＩはＳＦの世界の話だと考えるのは無理もない。しかし、すでに50年以上も前から、その研究に真剣に取り組んでいる人々がいる。さらに、最近の膨大な数の系外惑星の発見は、天文学においてＳＥＴＩは決して荒唐無稽とばかり言ってはいられない時代になってきたことを意味している。ひょっとすると明日にも、この地球上に「彼ら」からの信号が届くかも？？？

アレシボ・メッセージを図形化したもの
（右側はメッセージの意味）

1から10までの数
（2進法）
DNAを構成する水素、
炭素、窒素、酸素、リンの
原子番号（2進法）
DNAのヌクレオチドに
含まれる糖と塩基、計
12種の化学式
DNAの二重螺旋《らせん》を
表す絵
人間を表す絵
太陽系の絵
（左端が太陽で、1段
上になっているのが地
球を示す）
アレシボ電波望遠鏡
の絵

（出典）ウィキペディア「アレシボ・メッセージ」（最終更新 2014年10月19日13:36）

第4章 日常にひそむ法則

「青木まりこ現象」にみる科学の方法論

私は不ケータイということもあり、[※1]フェイスブックだとかツイッターだとかラインだとかミクシーだとかアメーバだとかブログだとかにはまったく縁もないし興味もない。さらにネット上に氾濫する無責任な匿名の情報や意見は、不愉快になるだけなので読まないようにしている。その一方で、高い信頼性と良識を誇るとされている我が国の新聞各社が出している電子版（ただし無料の範囲に限る）にはほぼ毎日目を通す。

可も不可もないかわりに安心して読めるA新聞とM新聞、新聞社というよりも週刊誌と勘違いしかねないほど過激な見出しとそれなりに筋の通った意見が楽しめるS新聞、読み始めると止まらなくなる「発言小町」を有するY新聞。印刷版の紙面に比べて、各社の個性がより色濃く現れているようだ。なかでも楽しみにしているのは、NK新聞に時折登場するコラムである。NK社関連の雑誌の抜粋であったり、記者の方々の独自の取材によるものだったり、形態は様々であるが、いずれもユニークな問題設定そのものに唸らされることが多い。例えば次のようなタイトルを目にすると、読む前からすでに楽しくワクワクする気持ちを禁じえない。

ニホンVSニッポン　「日本」の読み方、どっちが優勢？
日本橋の「ん」、ローマ字では「m」か「n」か
なぜ消える？　丸の内のレトロな名称「ビルヂング」
「シロップは下」が東京流　かき氷にも千年の歴史
なぜ「ビールホールでビアを飲む」とは言わないのか
「青木まりこ現象」からみた不眠を呼ぶ黒魔術の考察

ところが、最後のタイトルだけからは内容がまったく想像できない。そこで読んでみると、すでにウェブで公開されたある記事の再構成だった。※2

それにしても「青木まりこ現象」という言葉は、好奇心を刺激するに足るだけの強烈なインパクトを持つ。もちろん、早速ウィキペディアで検索した。そこで目にした記述は、今まで私が参考にさせてもらった数多いウィキペディアの項目のなかでも、1、2を争う秀逸さであった。どなたかが一人で執筆されたのか、あるいは多数の執筆者によるいわゆ

る集合知なのかはわからない。いずれにせよ、そこには科学の根底を流れる方法論のお手本ともいうべき姿が浮かび上がっている。そこで今回は、ウィキペディアに記載されている「青木まりこ現象」項目の情報[※3]のみに基づいて（つまりそこで引用されている原典とおぼしき文献にはあたることなく）、科学とはいかなる営みであるかを考察してみたい。[※4]

（1） 謎の発見

以前より、私が科学者の役割として強調しているのは、古くから知られている難問の解決と並んで、今まで知られていなかった新たな謎の発見、である。謎が無い世の中ほどつまらないものは無い。古くからの謎を解決してしまった科学者は、その罪滅ぼしにそれ以上に面白い謎を発見する責任があるはずだ。その意味においても、不思議なことを決して見過ごさず、科学的な問題として提起する後者こそ、科学という営みの第一歩である。

「青木まりこ現象」は、本の雑誌社発行の『本の雑誌』40号（1985年2月）の読者欄に掲載された、青木まりこ氏の「理由は不明だが、2、3年前から書店に行くたびに便意を催すようになった」という投書が発端となり名付けられたとされている。また、その症状を呈する人々は書便派と呼ばれ、当時大きな話題となり、その後現在に至るまでしばしば特集を組まれたりして議論が継続しているようだ。

不明にしてこの名前を耳にしたことがなかった私であるが、この現象自体は以前より知っていた。20年以上前よりすでに、家内から自分は書便派である旨のカムアウトを受けていたからである。家内はこの「青木まりこ現象」という言葉は知らなかったようなので、心理的に影響されたわけでは無いと思われる。実際、この現象が大きく取り上げられてきた背景には、日本全国に生息する無数の書便派の存在があるからだろう。

そのような数多くの経験者が見過ごしてきた現象を、重要な謎として実名で提起した29歳（当時）の青木まりこ氏の勇気と科学的嗅覚は賞賛に値する。

（2）統計的有意性の検証

むろん、提起された謎や新発見を鵜呑みにしてはならず、本当に客観的な事実と呼ぶに値するのかを検証する必要がある。現実の科学の最前線においても、光よりも速く伝わるニュートリノの存在やSTAP細胞[※5]など、教訓とすべき過去の悪例は数多い。

ウィキペディアには、

ごく小規模な調査によると、日本全国に書便派が存在することから地域差は認められないが、男女比は1対4ないし1対2と女性に偏りがみられるという。また、いわゆる「体育会系男子」には少ないという説もある。推定される有病割合は、10から20人に1人という報告がある。少なくとも日本全国に、数百万人は体験者が存在するという概算もある。

との記述がある。残念ながらその結果を自分で直接調査・確認することはできなかったため、その統計的な有意性に関してコメントはできない。しかし本稿の主旨は、「青木まりこ現象」の真偽の議論ではなく、それをもとにした科学の方法論の確認であるため、とりあえず、私の家内を信じて統計的な有意性は検証されたものとして次に進む。[※6]

(3) 仮説の提案

一旦謎が確立すると、それを説明するための仮説が数多く提案される。ある特定の謎だけに着目すれば、屁理屈も含めて一見正しそうな仮説を思いつくことはさほど難しいわけではない。そのため、明らかな矛盾が見出されない限り、それらは正式な研究論文として科学雑誌に掲載されることになる。むろん、ほとんどの場合、最終的な科学的正解は1つしかないから、それらの論文で提案された仮説の大多数は、あまり重要ではない効果しかもたらさない、あるいはもっと平たく言えば間違い、ということになる。しかしながら、それに至る段階では、考えられる限り多くの可能性を排除することなくとことん検討することは大切である。このため、特に理論研究においては、間違った仮説を提案したとしても（明らかな誤りを除いては）、決してマイナスの評価を受けるわけではない。それらの異なる仮説の取捨選択を通じて、正解を見つける営みこそが科学なのである。

さて、「青木まりこ現象」の場合、どのような仮説が提案されているのだろうか。代表的なものを列挙してみよう。

①匂い刺激説（紙やインクに含まれるなんらかの化学物質に起因する）
②排B習慣説※7（自宅のトイレで本を読むことが習慣となっているため）
③プラセボ効果（自分の過去の経験や期待、さらに他にも多くの人が経験しているという裏付けによる心理的な影響）
④緊張・焦燥感説（膨大な知の洪水にさらされる、あるいは買う本を決めなくてはならないといった精神的プレッシャーがB意をもたらす）
⑤ソマティック・マーカー仮説（情報化が進んだ現代においては過度の情報はむしろ害となる。それを避けるために起こす身体的な逃避あるいは防衛反応としてのB意）
⑥リラックス効果（書店という空間でゆったりと好きな本を探すという行為がもたらす

リラックス感がB通を促進させる）

⑦視線説（伏し目がちのまま立ち読みすることで瞼が緩みリラックスする、あるいは本の背表紙の活字を縦方向に追いかける視線の動きによってB意が誘発される）

⑧姿勢説（直立あるいは少しうつむいた姿勢で立ち読みすることで腹筋に力が入り刺激を受ける、あるいは、平積みの本を手に取る際に前屈みになることで、立位においては通常後方に湾曲している直腸がまっすぐになりBが肛門までおりてくる）

⑨形而上説（読書とは内なる自己を外界から隔離して智の宇宙を瞑想する行為であり、人間の内と外をつなぐ実存的な排Bという行為を想起させるのは自然である）

⑩交絡因子説（書店とB意の間には直接的因果関係はなく、書店には軽く飲食した後に散歩しながら行くことが多いため、単にタイミングが一致するという相関を見ているに過ぎない）

以上、主な仮説を10個紹介したが、さらに細かい違いまで取り出せばその数倍から数十倍もの異なる仮説が存在することだろう。科学とはこのように、ありとあらゆる可能性を論じ尽くすことから出発するのである。間違いを恐れてはならない。

（4）仮説の比較と淘汰

科学研究の現場では、同僚や共同研究者らによる批判と議論、研究会や学会での発表、投稿論文の査読者とのやりとりなどを通じて、提案された無数の仮説は検証され、さらに深化あるいは棄却される、といった作業が延々と続く。これらは個々の研究者あるいは研究グループ単位で行われるのだが、それらは結果としては国際的な規模で系統的に科学を進歩させることになる。

むろん、仮説の正しさの判定は難しい。実験によって明確に白黒がつく場合もあれば、それ自身は間違っているわけではなくとも、他の現象と照らし合わせてそれが重要とは言えないという議論で棄却される場合もある。また、科学においては、反証可能性や予言能力が重視されることも多い。これらの観点から上記の仮説を検討してみよう。

①は印刷所や書店員にはそのような症状が顕著には見られないことから棄却できるかもしれないのだが、それは耐性を獲得した結果だと解釈することもできる。というわけで、やはり実験してみるべきであるが、ＴＢＳのテレビ番組『ウンナンのホントのトコロ』によると、それを裏付ける結果は得られなかったとの報告がある。

②は間違っているとまでは言い切れないが、トイレで本を読む習慣がない人にまで症状

物理棚に並ぶ拙著『一般相対論入門』もB意に貢献中

が出ていることから、少なくとも重要な効果であるとは言えまい。

③に関連して、ある記者が4名のB秘女性に実験内容を伝えることなく「本が読めるおしゃれカフェ」で行った実験によれば、重度のB秘症であった1名を除く3名は間もなくB通が得られたという。しかし医学や心理学実験ではありがちな被験者の少なさに基づく統計的信頼度の低さを考慮すると、プラセボ効果を否定したとまでは結論できまい。

④から⑦は、それなりにありそうな気がするものの上述の反証可能性という立場からは、このままでは科学的な仮説とは言い難い。もう少し仮説を具体化し、実験が可能な定量性を備えた仮説にまで

深化させた上で再度提案すべきであろう。

⑧は医学的な知見に基づいた合理的な仮説のようだ。レントゲン撮影などを駆使すれば、その定量的な検証も可能であろう。しかしながら、その検証のために被験者に与える影響の方が、測定すべき本来の結果を歪めてしまう可能性が高い。書店で立ち読みしている際に定期的にレントゲン撮影をされるとすれば、通常の神経の持ち主であれば確実にB意を喪失してしまうに違いない。被験者により優しいすぐれた実験法の開発が望まれる。

⑨は、科学が明確な解答を与えられない難問の存在を聞きつけると、必ず登場する哲学的トンデモ説の典型例と言うべきだ。読書と排Bに対して、このような修辞的な美文を想起できる能力自体は評価できるものの、科学の本質とは無関係である。またこの類の説では意味もなく「宇宙」という単語が用いられることが多い。「宇宙」を連呼する身の回りの友人や書籍を信じてはならない（私と本書を除く）。厄介なことにこのようなレトリックに感銘を受けやすい人々が少なからず存在することにも注意を喚起しておきたい。

⑩は、「青木まりこ現象」に関して正しいかどうかは別として、科学において常に心しておくべき重要な観点である。実際、表面的な現象の相関と、それらの因果関係とは別物であることは多い。よく用いられる笑い話には、「飛べ！」と命令すると必ずジャンプしていた蛙の足の筋肉を切断したところジャンプしなくなったことから、蛙の聴覚器官は足

にあると結論した科学者（哲学者?）が登場する。これほどでなくとも、「日本の高度成長期においては、大気汚染が悪化する一方で平均寿命は延びた」という皮相的相関を誤解すれば、「大気汚染は人間にとって有益である」との結論に至る。この類の誤りは、意図的であるかどうかを問わず世の中に蔓延している。その意味でも⑩は極めて教訓的である。

（5）標準理論の構築とその先

以上の考察に基づくと「青木まりこ現象」にはまだ定説が存在するとは言い難い。通常の科学の場合、無数の仮説の比較検討を通じて、やがてはある種の標準理論が構築される。その後は、それをさらに高精度で検証する実験や観測が繰り返されることで、その理論が確立する、あるいは修正される。このエンドレスの営み自身が科学というわけであるが、「青木まりこ現象」を通じた今回の科学の方法論講座においてはそこまではお伝えできなかったのは残念である。

さて、一般に科学とは多くの先行研究をもととして、長い時間をかけて熟成するものである。したがって、初めて発見したと思っていても、よく調べてみるとすでに知られていた結果の再発見である場合も少なくない。「青木まりこ現象」もまた、古くは吉行淳之介が1957年に発表した「雑踏のなかで」においてすでに言及されているそうだ。つまりこれもまた「科学上の発見には本当の発見者の名前がつけられることはない」というスティグラーの法則の一例に過ぎないのかもしれない。[※8]

最後になるが、私は30年近く前からスーパー（マーケット）に買い物に行くと、必ず「青木まりこ現象」を発症してしまうスーパーB、すなわち「超B派」である。[※9] 特に夏に顕著であるのだが、これは店内の特に生鮮食料品売り場周りの冷気が強すぎるためであると確信している。そのため、これからスーパーに買い物に行こうと想起しただけでも催してしまう。というわけでこの現象はすでに科学的に解明済みであり謎というわけではない。一方、日本のエネルギー問題を考えると、あの無駄な冷気を抑える工学的工夫の余地は大きい。利B性よりも環境を重視する超B派を代表して、善処を切望する。

※　※　※

1　**不ケータイ**：拙著『宇宙人の見る地球』（毎日新聞出版、2014）「不ケータイという不見識」参照のこと。ちなみに、この拙文の一節が愛知S大学の入試問題に採用された旨、著作物二次利用申請書という題目で一般社団法人日本著作権教育研究会からの代理申請メイルで知らされた。その設問は「問1　筆者の指摘しているメイルの内容の不適切な点を、５つ指摘せよ」、「問２　筆者の指摘をふまえ、宛先人・差出人の名前や要件などは文中のメイルと同じで、訪問を依頼する適切な文を、およそ４００字程度で書け」だったのだが、この申請メイル自身は確かに適切な文体となっていた。「使用のご報告と、試験問題のコピーを添付させていただきますので、ご確認いただければと思います」という、謝礼はおろか謝辞すらないビジネスライクな内容であったのはやや残念であるが、これが今後の受験生に与える影響と出題された先生の見識の高さに免じて水に流すことにしよう。その入試問題のコピーを一部の知り合いに転送したところ、わが社の入社試験でも使いたいほどであるとお褒め頂いたことも付け加えておきたい。

2　**元ネタの文献**：三島和夫：Ｗｅｂナショジオ連載記事「睡眠の都市伝説を斬る」第29回〝青木まりこ現象〟からみた不眠の考察 http://natgeo.nikkeibp.co.jp/atcl/web/15/403964/071700014/

3　**ウィキペディアの記載**：https://ja.wikipedia.org/wiki/青木まりこ現象

4　**科学の営み**：（本稿を読んでいるとは思い難い）科学哲学関係の若者がいたとしたら、是非とも切り抜いて繰り返し熟読して頂きたい。

5　**光より速いニュートリノ騒動**：結局、実験で用いたケーブルの接続不良による誤解だったとされる。

6　**家内を信じる**：我が家の場合、経験的には家内を信じた結果失敗することのほうが多い。

7　**以降Ｂと表記する**：初稿の段階では「便」という漢字が頻出していたため、『ＵＰ』誌の品位をけがす恐れを抱いたＴ嬢から改善勧告を受けた。編集長に確認しないことには、このまま掲載可となるかすらわからないとのことだった。たかがこの程度の問題で、言論統制だとか言葉狩りだとか騒ぎ立てては大人気ない。そこで、以下では混乱が生じない限り適宜Ｂという文字で代用することにした（ちなみに、どんな場合に混乱が生じ得るのかは不明である）。

8　**スティグラーの法則**：拙著『宇宙人の見る地球』「ハッブルかルメートルか：宇宙膨張発見史をめぐる謎」、及び本書「ベンフォードの法則」参照。

9　**T嬢はB嬢か？**：ごく最近ある読者の方から拙文に対するコメントを頂いた。その冒頭は「最近の須藤稿にはT嬢という単語が見えないので、まだ在職されておいでなのでしょうか、いささか不安です」となっていた。そのようなことを気にしている読者がいるとは夢にも思わなかったのだが、確かに最近あまりT嬢が登場していなかったことは、ファンの皆様に対して率直に反省しておくべきかもしれない。もちろんT嬢は健在である。ちなみにせっかくの機会なのでこの際、B嬢、もとい、T嬢に「書B派ですか？」と質問してみようかとも思ったが、このような無神経な質問が、拙著『ものの大きさ』（東京大学出版会、2006）以来、長年にわたって構築してきた良好な関係にヒビを入れる結果になることを恐れて遠慮している（2018年には財務官僚と記者との「言葉あそび」が世間を騒がせている。私の判断の賢明さが証明されたと言えよう）。さらに、本文中の（4）でも述べたように、T嬢の場合、職業柄すでに耐性を獲得している可能性も高い。いずれにせよ、そのような疑問に興味がある一部の不埒な読者の方々は、私が超B派であるという勇気あるカムアウトをもってご勘弁頂きたい。

日中関係打開の糸口

２０１４年5月19日から22日まで、中国の西安で開催された宇宙論の国際会議に出席した。主催者の一人である景益鵬氏は、１９９９年から２００１年の3年間、私の研究室の博士研究員をしていた。その景氏は今や中国の宇宙論研究の重鎮となり、中国アカデミー会員としても活躍している。おかげで、私は彼の同僚や学生も含めて多くの知り合いがおり、その意味でも楽しい会議であった。といっても今回の雑文にその会議に関する科学的な内容は何一つ登場しない。[※1] 今回の経験を教訓として、現在困難な状況にあるように思われる日中問題を打開する礎を提供したい、というのが趣旨であるのでどうぞご安心を。

（1）西安タクシー事情

会場のホテルは西安空港からタクシーで約1時間の場所にある。事前に主催者が送ってくれた文書には「料金は１５０元程度なので、もしも２００元以上要求されたら警察へ連絡するぞと運転手に言うか、実際に連絡せよ」と書いてある。私は、もう1人の日本人参加者であるT教授と同行したので、全く心配せず空港からタクシーに乗った。タクシー乗り場には、メーターで示された料金のみを払うようにとデカデカと掲示されている上、そこでの配車担当者がトラブルに遭った際の電話連絡先を書いたカード（ただし中国語）まで渡してくれた。ここまで徹底していればとりあえず安心できよう。

さて、乗車直後、主催者が準備してくれた「請把我送到 曲江恵苑館」という紙を見せたものの、運転手はそのホテルの場所が皆目わからない様子。にもかかわらず、何か中国語で明るくしゃべりながらとにかく出発する。念のために印刷してあった地図（むろん中国語版）も渡したのだが、運転しながらじっくりと眺めるもやっぱりわからない雰囲気。やや不安になる。

しかもタクシーメーターをおろした気配がない。後ろから指をさしてそのことを指摘すると、運転手は笑顔のままスイッチを何度も押して「これは壊れているから、無駄なんだ。だから心配は不要」とおぼしきジェスチャーでアピールする。彼は上機嫌であるものの、こちらはますます不安になる。彼もやや気まずい雰囲気を察知したのか、それを打破すべく、後ろに座っている我々に向かって笑顔でタバコをすすめてきたのだが、手を振って「吸わない」と断るとひどく驚いた様子を見せ、結局1人で吸い始めた。

その後も、運転しながら携帯電話で2、3回、誰かに我々の目的地であるホテルの場所を問い合わせていたようだが、わからなかったのか、しまいには怒って電話を助手席へ投げ出す始末。でも何とか西安市の中心部とおぼしき場所にはたどり着き（標識の漢字のおかげでその程度は理解できる）、そこからは高速道路を降りて一般道へ。それ以降、彼がとった行動が面白い。運転しつつ横を併走している車の運転手に大声で質問したり、車を道端に停めて外へ飛び出したりしては、走行中のタクシーや通行人、自転車に乗っている人に声をかけ、片っ端からホテルの場所を聞き回っている気配。最終的には、4才ぐらいの娘さんを連れて歩いていた女性を助手席に乗せ、彼女にホテルまで道案内をさせたのである！　その実直な努力は我々にも痛いほど伝わってきた。

結局、1時間半ほどかけてようやく目的のホテルの玄関に到着した。そこで、車を降りてもちろん主催者の文書通り、150元を渡して別れようとした。しかし、彼は100元札をもち、指で2を示す。[※2] 200元払えと要求しているようだ。50元の違いは日本円にして約800円、2人で割るとわずか400円ではあるものの、ここはやはり今後の日中問題にも関わるため、毅然とした態度で筋を通すべきだと考えた。再び主催者からもらった中国語の文書を見せて、150元が正当であると主張する。しかし彼は納得せず、強く200元を払うように要求してくる。そこで、ホテルの誰か英語がわかる人に通訳してもらおうと（身振りで）提案すると、彼も快く同意してくれたようで、一緒に中に入った。しかしそこは実はロビーではなく、レストランの入り口だったらしく、中では結婚式の披露宴らしきものが行われていた。

驚くべきことに彼は全く意に介さずどんどん奥に入っていく。しかも、何やら笑顔で手を叩きながら喜んでいる。のみならず、満面の笑顔で、我々にまで、結婚式をやっていて面白そうだから中に入って見物せよ、と手招きしているようだ。総合的に考えて、決して悪人とは思えないのだがわからないものだ……。

ともあれ、忙しく働いている会場係とおぼしき女性がかろうじて英語を理解してくれたので、状況を説明した。するとただちに運転手に対してかなり厳しい調子の中国語でなにやらまくしたててくれたものの、彼はいっこうに引き下がらない。そうこうしていると彼女の同僚も2、3人集まってきた。さらに上司とおぼしき女性まで登場し、みんなして我々に味方してくれているらしく再び中国語で激論に。そこで我々も空港のタクシー乗り場でもらったトラブル時のカードを彼女に渡したところ、そこに電話してくれて長々と話をしたのだが、結局埒があかないままで交渉は膠着状態に。

5月とはいえかなり暑いタクシー車中でずっと待ってくれていた件の母娘もついにしびれを切らして、憮然として車を降り、歩いて何処かへ行ってしまった。その間、口論はますます激しくなる一方で、中国語が出来ない我々はすでに蚊帳の外。ただただおろおろするのみであった。

そこに偶然この会議の参加者である旧知の武向平氏を見つけ、事情を説明したところ、ただちに助けてくれた。運転手の言い分は、道がわからなかったために高速料金が余分に20元かかったのでそれも含めて200元支払え、というものだったらしい。武氏は、運転手としばし口論したあげく何かを厳しく言い渡し、「もうこれで良いからホテルに入ろう」と後ろを振り返ることなく我々をホテルの中に入れた。運転手はまだ何やら叫んでいたのだが、これで何とか一件落着。やはり持つべきものは友である。150元を払うことで正式に筋を通した我々は、日本人としてすがすがしい思いであった。

(2) 西安刀削麺

友と言えば、今回の会議ではほぼ10年ぶりに李君に会えたことも大きな収穫であった。彼には、かつて周庄で行った日中韓研究会の懇親会で私の学生の1人が食中毒になった際に、とてもお世話になった。[※3] 当時大学院生であった彼も、今では紫金山天文台の常勤研究者となって活躍していることを知った。その時のお礼にとお昼を誘ったところ、近くの麺屋街のようなところに案内してくれた。しかし結局最後には、彼においしい麺をごちそうになってしまい、かえって恐縮する羽目となった。

ところで、私はT大学の近くにある西安刀削麺のお店が好きでしばしば行く。今回の西安出張をT邦大学のK教授に自慢したところ、「中国人留学生から刀削麺が西安名物であるというのはうそだと聞いたことがあるので、ぜひ確認してきてほしい」という特命を受けた。しかし、李君が教えてくれた麺屋街には数軒の刀削「面」屋があった。日本の「常識」通り西安は面が有名らしく、刀削面（写真1、2）はもちろん、それ以外にも多くの珍しい面料理が味わえる（写真3はまさに「拉」面を延ばしているところ）。しかも見栄えは別として、いずれも例外なくおいしい。結局、4日間の会議中、お昼はその面屋街の異なるお店で毎回違う面を食べ、大いに満足したのだった。

李君に限らず、個人レベルで知り合いとなった中国人はほぼ例外なしにとても義理堅い。特に友人に食事をごちそうすることは当然という文化であるようだ。今回も、初日は景氏、2日目は武氏に夕食をごちそうになった。いずれも8人程度のグループだったのだが、まずホストがじっくりメニューを眺め、店の人にしつこく何度も質問をしながら10分間程度かけてオーダーする。その頼む量がまた半端ではない。中国では客が食べきれないだけ注文するのがもてなしの礼儀だということだが、「もったいない文化」のもとに生きている日本人には信じられない量である。日本では状況を見ながら途中で適宜追加注文するわけ

写真２　本場の西安刀削面（８元）

写真１　刀削面をゆでる現場

写真４　壮観の兵馬俑

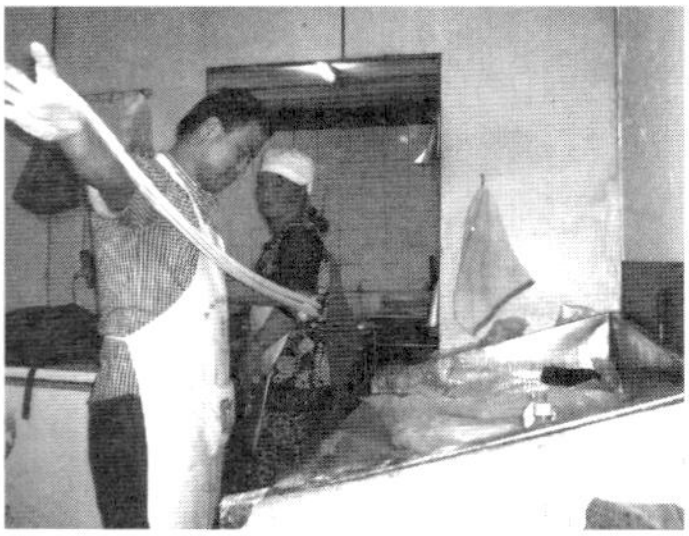

写真３　面を拉（ラー）する現場

写真５　復元過程解説

写真６　本当はこんな感じ？

写真７　あまりにも本物そっくりな記念写真撮影用の兵馬俑

写真８　始皇帝陵内の面づくし

であるが、中国では最初にすべて注文するお約束らしい。したがって、量が少ないという失礼がないように、多めに注文するわけだ。しかも、南部の上海や広州に比べて、西安のある中国の北部地方では一皿の料理の量が倍近くあるらしく、注文したホスト本人も驚いていた。

いずれにせよ、大量の料理を目の前にして大勢で会話を楽しみながら食事をする陽気な中国文化は、わが故郷である高知県の飲み会[※4]を彷彿とさせる心地よいものである。

（3）始皇帝陵の兵馬俑

今回の会議では、3日目の午後に遠足として、秦の始皇帝陵見学が組み込まれていた。[※5]1987年に世界遺産となった兵馬俑《へいばよう》[※6]があることで有名で、それらがずらっと並んだ様はまさに圧巻そのもの（写真4）。あんなものがよくぞ2000年の時間を超えて残っていたものだと感心する一方、どこまで手を加えて復元されたものなのかもいささか不安になる。[※7]横の掲示で紹介されている復元過程（写真5）はかなり大掛かりなように思える。写真6がそもそもの発掘現場の状況だとするならば、写真4が果たしてどこまでもともとのオリジナルなものを忠実に残した結果なのかもかなりの謎である。ちなみに、博物館のある場所からバス乗り場までは両側に土産物屋の立ち並ぶところを30分以上歩かされるのであるが、観光客用記念写真撮影をする店先におかれていた兵馬俑模型（写真7）が、本物と違わぬ精巧な作品であると思えたのは、私の偏見であろうか。[※8]

いずれにせよ、バス乗り場近くには土産物屋のみならず、マクドナルドやサブウェイに加えて多くの食堂が立ち並んでいた。それらもまた兵馬俑に負けず劣らず、中国文化を強烈に伝えてくる。刀削面はもちろん、哨子面、牛肉面、さらには見たこともない漢字が冠せられた面まで目白押し（写真8）。ふらっと入ったが最後、二度とこちらの世界には戻って来られないかもしれない怪しさと魅力がてんこ盛りである。

（4）真実を知ることの難しさ

さてこの会議中の2014年5月22日、新疆ウイグル自治区ウルムチ市内で爆発テロがあった。ホテルでのインターネットはスピードが遅く、グーグル検索はできない。日本の新聞のインターネットサイトにはかろうじて接続できたので、私はそのニュースは知っていたのだが、中国のテレビでは一切報道されなかった。ところが、翌日になると一斉に報道キャンペーンが開始される。共産党幹部や市長とおぼしき人々が、爆発事故で負傷した被害者を次々と病院に見舞い固く握手する様子。少数民族と思われる入院患者が「我々はとても幸せな生活をさせてもらっており何も不満はない。なぜこのような事件を起こす人たちがいるのか」と涙ながらに語る様子。今回のテロに対して国は断固たる措置をとり、治安維持と国民の安全を最優先で取り組むという警察関係者の発言。当たり前と言えば当たり前だが、そのような内容がしつこいくらい繰り返し報道されていた。※9

そう言えば、今回の会議の主催者が昨年日本で開催された天文学会議に出席しようとしたところ「この時期日本に行くのは危険だからやめてくれ」と家族に懇願されて結局とりやめた、と笑いながら話してくれたことを思い出す。やはりメディア報道の影響力は甚大である。双方ともに偏った報道に踊らされることなく、個人レベルの交流を積み重ねて相互理解のために不断の努力をすることこそ本質的である。

さていよいよ会議も終わり帰国することとなった。帰りは1人なので、念のためにホテルのフロントの人に頼んで空港まで「信頼できる」タクシーを予約してもらった。今回の運転手はいかにも謹厳実直な顔つきで、私が乗車するや直ちにタクシーメーターを起動させた。これで一安心。極めて順調に空港に到着した際にメーターが示した数字は136・3元。運転手が高速料金30元の領収書も添付してきたので、キリのいいように180元を支払った。明朗会計である。※10

空港で飛行機を待っている間、ふと「道に迷ったために高速料金が余分に20元かかったので200元払ってほしい」と言った運転手のことを思い出した。とすれば、メーターが

写真９　高知県の「お客」の定番、皿鉢料理

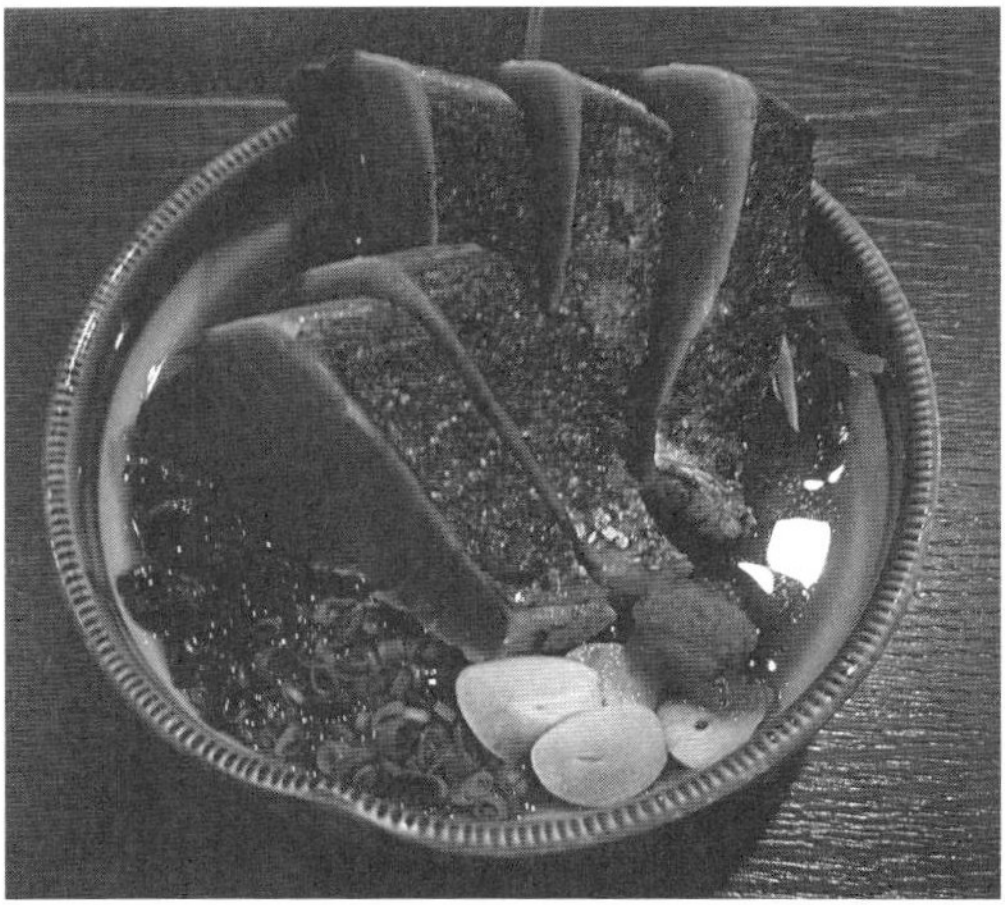

写真10　高知県で出されるカツオのたたきは分厚い

壊れていたにもかかわらず実はかなり正確な数字だったのではあるまいか。メーターを使わない運転手は怪しいという先入観のもとに、知り合いの中国人教授まで動員したあげく最後には150元しか支払わず、逃げるかのごとくホテルに入ってしまった日本人2名は、彼の日本人観にどのような影響を与えてしまったのだろう。タバコをすすめてくれた彼の人懐っこい笑顔が頭をよぎる。ささいな誤解が真実の理解を歪めてしまう危険性を、まさに身をもって体験した。今後の日中関係の打開の糸口となる教訓としたい。

※　※　※

1　**科学的内容は何一つない**：この部分、いつものようにT嬢から若干苦言を呈されたのだが、狭い意味の科学はなくとも、広い意味での世界観に訴える内容であるということで、ご勘弁を。

2　**指で「2」を示す**：拙著『三日月とクロワッサン』(毎日新聞出版)「指折り数えて」参照のこと。六、七、八、九あたりならば、私の専門であったのだが……。

3　**食中毒事件**：その顚末は、拙著『人生一般ニ相対論』(東京大学出版会)「外耳炎が誘う宇宙観の変遷」参照のこと。このエピソードは必読である。ちなみに李君のお父さんは今もご健在とのこと。親孝行な彼が送り続けた薬のおかげであろう。

4　**高知の「お客」**：高知県では、この類の宴会を「お客」と呼ぶ。私の子供の頃、近所はほとんどが農家であったため、秋のお祭りや正月には、そこかしこで数十人の親類や友人を招き皿鉢料理を振る舞う「お客」が同時開催されていた（写真9、10参照）。小学校や中学校の先生方の場合、不公平のないように生徒の家庭を順繰りにはしごするのがいわば礼儀であった。招待される側が1日に数軒をまわるのはごく普通だし、外に出て千鳥足で歩いているとただちに別の家の人に捕まって中に呼び込まれるという状況はごく当たり前。そのうち、知り合いの知り合いという程度の人までもどんどん上がり込んで飲んでは大声でしゃべるという風景が展開されていた。今やそのような風習も途絶えつつあるらしいが、思い出すと本当に懐かしい。

5　**始皇帝陵見学**：これは間違いなく会議のハイライトであった。初日には会議場に入りきらないほどいた200人以上の参加者は、遠足の翌日（私の講演発表日でもあった）となると明らかに100人以下。かなりの中国人参加者は、遠足を終えた翌日にはさっさと中国各地へ帰ってしまったのである。

6　**兵馬俑**：と偉そうに書いてはいるものの、私は写真を見たことがあるだけで、それが何であるのかはよく理解していなかった。そもそも「俑（よう）」という漢字すら知らなかった。現地では英語でテラコッタミュージアムとだけ聞いていたので、この文章を書くにあたりウィキペディアで調べたところ、中国で死者を埋葬する際の副葬品で、特に兵馬俑とは、兵士と馬をかたどった像を指すとのこと。

7　**いささかの不安**：ツアーガイドが「30分後に博物館前に集合してくれた人たちだけを、特別の場所にご案内します」と言うので、兵馬俑見学を一時中断してついて行ったところ、施設内の土産物屋のようなところに連れ込まれた。そして、レジの横の椅子にある蝋人形のようなものを指して「この方が、1974年にこの兵馬俑を発見した農民の御本人です」と言うのである。良く出来た人形だなと感心していると、実は本物の人間のようだ。彼は別にしゃべるわけでも動くわけでもなく、ただじっとしている。結局は、レジの脇においてあった彼のサイン付き兵馬俑の解説本の宣伝に過ぎなかったのである。それに気づいた我々が、すぐさま博物館見学にとって返したことは言うまでもない。

8　**店先の兵馬俑**：日本的感覚では兵馬俑は極めて貴重な資料であり、言うまでもなく要取扱注意だろう。ところが、それらがカバーも何もないまま直接縄ロープで縛られた状態で軽トラックの荷台に10個程度載せられ、遺跡内を運搬されている姿をしばしば目にした。武士俑は8000体近く発見されているようなので、もはや感覚が麻痺しているだけなのか、それとも単に観光客用の模型（写真7）だったのだろうか。

9　**報道の威力**：といっても、私はテレビ画面の下のほうに出る中国語のサブタイトルのなかから、理解できる漢字を組み合わせて想像しているだけなので、誤解している可能性もある。

10　**明朗会計**：この会議には私とT教授以外に、T北大学のF教授と、I研究所の博士研究員O君、計4名の日本人が参加した。F教授の場合もまた、空港からのタクシーのメーターは動作せず、ホテルまで220元請求されたらしい。一方、O君は、西安までの飛行機到着が遅れたため、夜中の12時頃市内中心部に到着するバスに乗った。バス乗り場にはもはやタクシーもなかったのだが、バスの乗務員から「この人は私の知り合いで安心できるから、ホテルまで乗せていってもらえ」と、なぜかその付近にいた原付バイクの人を紹介された。結局O君は、何とスーツケースを抱えたままバイクの後ろにしがみついて2人乗りし、無事ホテルに到着し、約束の50元を支払ったという。果たして信頼できる人だったのか、逆にボラれたのか、真相は闇のままであるが、O君は今でも感謝しているようだ。

韓国で結婚

といっても残念ながら私ではない。親戚の娘さんが、韓国のイケメン男性と結婚することになり、ソウルでの結婚式に出席した。[※1]今回はその体験を紹介してみたい。

私は韓国訪問がいつも楽しみでならない。なんといっても食事が美味しい。どこまでも柔らかく味がしみ込んだカルビあるいはガルビ。[※2]しかも、肉をハサミで切るというウルトラCを編み出した独創的な国が一体他のどこにあるだろう。かつて、単なるチェーン店と思しきブルコギ屋に連れて行ってもらったさい、最後の肉汁があまりに美味し過ぎて、ご飯にかけて食べていると理性を失って一生食べ続けてしまいそうになったことすらある。

さらに、一見同じようでいて実は異なる文化の違いを思い知らされるのもまた楽しい。ご飯の容器は手に持たない、お汁物は必ずスプーンを使う、目上の人の前では酒を飲む瞬間が見えないようにする、などなど、深い文化とそれを育んだ歴史に思いを馳せると、何とも言えない心地良さを味わえる。[※3]

しかし、私にとっての韓国の最大の魅力は、字が読めない状態になった時、自分を取り巻く世界がどのように認識されるかを擬似体験させてくれる点にある。実際、アルファベットと漢字が読める日本人にとって、仮に意味はわからずともほとんどの外国の文字は、画像としてではなく、それなりの情報あるいは音を伴った記号に翻訳されて頭に入る。目から入力された文字列は、他の風景とは切り離され、その部分だけが自動的に頭の中で文字コードとして記憶される。この翻訳作業のおかげで、記憶すべき情報量は極めて少なくなる一方、文字はそれ以外の風景と一体化した図形としてではなく、独立した記号コードとして頭の中の別の場所に貯えられてしまう。

ところが、通算10回以上も韓国を訪問していながらハングル文字を全く読めない私にとって、※4 ハングル文字が氾濫する韓国の街の風景は、文字が読めなかった子供の頃に自分が見たはずの世界を想像させてくれるのだ。大げさに言うならば、文字が読めない世界に放り込まれた人間が、どれほどの違和感や疎外感を味わうものなのかを。言い換えればいつもは気がつかない自分と世界との距離感を、体験できるのが韓国なのである。※5

と長々と前置きをしたものの、これは今回の話とは全く関係がない。単に韓国訪問が好きな私が、韓国での結婚式に出席できる貴重な機会を得て、喜んで参加したというだけのことである。

さて、あらかじめ結婚式の日取りだけは聞いていたのにもかかわらず、その2ヶ月前になっても招待状が届かない。不安になってメイルで問い合わせたところ、最近韓国では、結婚式の招待状は送らず、ウェブ上で公開するのが普通だとのこと。確かに、それからしばらくして届いたインターネットサイトをクリックすると、芸能人さながらの見事な写真の数々で飾られた招待状へと誘導される。そういえば、台湾でも結婚式の前に、芸能人の写真集のような記念アルバムを作成するのが定着していると聞いたことがある。ま、いいですけど。[※6]

日時や場所といった基本情報がわかると、次に気になるのは韓国の結婚式のしきたり。親類としてはるばる結婚式に出席する以上、礼を逸する行為をして、取り返しのつかない事態を招くことは絶対に避けねばならない。そこで、とりあえずインターネットの日本語サイトから情報を集めて予習し、以下の重要ポイントを学んだ。

◎新郎新婦、およびそのご両親以外は、全くのカジュアルな服装で問題ない
◎直接招待されていなくとも、例えば、友人の友人といった関係であろうと出席してかまわない
◎ご祝儀は日本円にして5000円程度でよい

◎式そのものは30分程度で終え、その後で場所を変えてバイキングスタイルで食事をする。そのため、式の受付時に食券を受け取る

よし、これだけわかればもう怖いものはない。というわけで、突然ではあるが、羽田から金浦へ、さらに地下鉄を乗り継ぎ、明洞のホテルにチェックイン。そこからタクシーで結婚式場へGO！

ところで韓国には普通のタクシーとは別に、模範タクシー[※7]というやや高級なタクシーが存在する。ホテルで呼んでもらったところ、来たのはその模範タクシーで、その運転手さんは日本語がペラペラ。彼は、8年間ほど日本の会社で勤めていたがリストラされ、その後帰国。奥さんは日本人で、娘さんも中学校までは日本に住んでいた。その娘さんは現在、九州大学大学院で情報関係を専攻しているのだがまもなく学位をとり、その後アメリカの大学でもう一つの学位をとる予定だという。タクシー運転手をしながら大学院まで出すのはかなり大変だったが、やっと博士号を取得できそうで本当に嬉しい、などと日本語で雑談しつつ、渋滞の激しいソウル市内を自由自在に車線変更とUターンを繰り返しながら、結婚式場である漢江のフローティングアイランドまで逈れて行ってくれた。帰り際には、「困ったことがあればいつでも呼んでください。私は日本人のなじみのお客さんが500

人いますから安心してください、大丈夫です」と、本当か嘘か判断に苦しむ親切な言葉とともに名刺を手渡してくれた。[※8]

さて、話を戻そう。今回の結婚式は一部日本のやり方をとりこんだ折衷式スタイルで行われた。つまり、式と披露宴は同じ部屋で行い、別室でのバイキングではなく、そのまま同じ場所で食事をとる。[※9] といっても、日本人参加者用の2テーブルだけが指定席で、それ以外は全くの自由席。また、式が始まる30分ほど前から、別テーブルにお菓子とジュースやコーヒーが準備され、各自それを食べたり飲んだりしておしゃべりをしながら過ごしていた。出席者の服装は少しおしゃれなものから、全くの普段着まで様々だが、日本のような礼服を着た人はいない。ベビーチェアを持ち込んで赤ちゃんを連れてきている人たちも少なからずいる。日本に比べるとずっと気軽である。

式は次のような流れで進んだ。

①司会者の挨拶
②両家母親入場及びキャンドル点火
③新郎入場
④新婦入場

⑤新郎新婦挨拶
⑥誓いの言葉
⑦指輪の交換
⑧婚姻成立の宣言
⑨両家父親の挨拶
⑩両親への挨拶
⑪新郎新婦がテーブルを回り挨拶
⑫新郎新婦、家族、親戚、友人の順に記念撮影

これらすべてが手際よく50分程度で完了する。その後、新郎新婦は退場し、その間出席者は食事に専念する（それまでの式の間も適宜ビールやジュースを飲んだり、オードブルを食べたりはしていた）。

面白いのは②で、挙式の最初に、まず両家の母親が一番前のキャンドルに一緒に点火、その後2人そろって参列者に挨拶する。新郎の母親は参列者に向けて大きく手を振って盛んに拍手を浴びていた。日本ではほとんど見かけないが、これは厳粛というよりも楽しいお祝い事だとの気持ちが強いためだろう。

また、記念撮影の最後にブーケトスをするのだが、これはあらかじめ受け取る女性を決めておきその人に向けて投げる。なんせ、ブーケを受け取った女性は半年以内に結婚しなければ数年間あるいは一生結婚できないとされているそうなので、その予定あるいは覚悟のない人が受け取ったりすると困ったことになる。したがって、すでに結婚の予定がある友人にお願いして受け取ってもらうらしい。今回はそういう人がいて良かったが、必ずしもそうとは限るまい。その場合はどうなるのだろうか、やや心配である。[※10]

退場後20分程度で、今度は伝統的民族衣装に着替えた新郎新婦が再入場。その際、司会者が韓国語でも「シンロー、シンプ、ニュージョー!」と叫んだので、わかりやすく何やら嬉しい。[※11]通常、友人の余興はないらしいが、今回は特別に新婦側の日本人女性1名、新郎側の韓国人男性5名がそれぞれ持ち歌を絶叫し、盛り上げてくれた。基本的にはこれがすべてで、計1時間半程度で終了。ただし、そのまま残ってしばらく食べたり飲んだりし続ける人も多くいた。

一方、新郎新婦と親戚は引き続き、別室に移動し「ペペク」という韓国独自の婚礼儀式を行う。これは新婦側が食べ物を用意して、新郎側の両親と親戚をもてなし、挨拶をする場である。したがって、本来は新郎関係者しか参加できないのだが、最近は新婦側家族も参加することがあるらしい。特に今回は、日本人のために特別に新婦の友人にまで見学を

なぜか、新郎新婦の母親のキャンドル点火によって式が始まる

母親お二人の方が今日の主役かと思えてくる

このブーケトスに厳しい掟が隠されているとは

許可してくれた。

ペベクの別室は伝統的な韓国の部屋を模した雰囲気で、新郎新婦は昔の宮廷貴族のような衣装をまとっている。まず新郎のご両親が上座に着席し、新郎新婦が丁重にお酒を振まう。その後、ご両親は卓上に置かれた栗と棗《なつめ》を新郎新婦の広げた袖に向けて投げる。袖で無事キャッチできた栗と棗の数が、それぞれ生まれてくる女の子と男の子の数に対応するらしい。今回はそれぞれ2個ずつだったので、賑やかな家族になりそうだ。その後、ご両親が新郎新婦にご祝儀を渡す。結婚式の際のご祝儀はすべてご両親が受け取るしきたり

ペベクで新郎のご両親に正式にご挨拶

新郎の両肩に今後の夢と責任がずっしり

のようなので、新郎新婦が自分たちの分として受け取るのはこのペベクの際のご祝儀だけらしい。

引き続き、新郎の親戚が着席し、同じ儀式を繰り返す。親戚の数が多い時は、数回に分けて行うので大変だ。栗と棗を投げるのは最初のご両親だけらしいのだが、すでにやや酔っ払った感がある伯父さんらしき人がしつこく要求した結果、また繰り返される羽目となった。今度はさらに6個ほどキャッチしてしまい、さすがに子供を10人も授かってしまっては破産するのではないかとこちらが心配してしまった。今回は特別に、新婦の両親そして親戚（つまり私）までこの儀式を体験させてもらい（ただし栗と棗投げはなし）、韓国文化を存分に堪能させて頂いた。

最後にみんなの見ている前で、新郎新婦が同時に同じ1個の棗をかじり、それを口で半分に割る。みんなが囃し立てるための無邪気なしきたりだとばかり思っていたら、口の中に種が残っている方がこれからの夫婦間の（特に金銭管理面での）主導権を握るという言い伝えがあるらしい。幸い、新婦が種を勝ち得たようなので、そちら側の親戚としてはホッと一安心。最後に、なぜか新郎が新婦を背負って部屋の中を何周もさせられていた。健康であることをアピールする必要があるのだろうか。腰痛持ちの私は、韓国で結婚しなくて本当に良かったと思った次第。

さて最近、私はかつての学生の披露宴に出るにつけて、新婦側[※12]のご両親に感情移入して涙ぐんでしまうことが多くなってきた。これに限らず日本では、結婚式は喜びだけでなく、最後は感謝と涙で締めくくるのが定番であろう。一方、韓国の場合、涙はほとんどなく、終始笑いと楽しさが前面に出た賑やかな式だった。しかも本当の普段着でも参加できる気軽な雰囲気である。これも文化の違いであろう。いずれにせよ、貴重な経験をさせてくれた新郎新婦に感謝ミダ。

※　※　※

1　**親戚の娘さん**：彼女は、日本の大学を卒業後しばらく就職してお金をため、韓国語を学ぶべくソウルにある大学に語学留学した。その後そのままソウルで就職し、新郎と知り合い、めでたく結婚となった。私が把握している限り、我が親類で初めての国際結婚である。

2　**ガルビ**：ところで、私は韓国語が全くできないので、今回登場する韓国語のカタカナ表記がどこまで正しいのか皆目自信がない。経験的には、カとガ、濁音と半濁音の区別が曖昧なような。そもそも、金浦空港は、キンポなのかギンポなのかわからない。釜山もプサンではなくブサンのような気がする。カルビなのかガルビなのか、さらには、ブルコギ、プルコギ、プルゴキ、のどれが正しいのか。ビビンバか、ビビンパか。美味しい食べ物に限って、濁音と半濁音が多いのはなぜだろう。というわけで、以下、正しくない場合があろうとどうぞご容赦を。

3　**異なる文化**：このあたりについては、すでに拙著『人生一般ニ相対論』（東京大学出版会、２０１０）で論じているので、これ以上は述べない（つまり各自購入して読んでほしいという意味である）。

4　**ハングル文字**：正確に言えば、最初の1、2回は読めるよう努力したものの、1年経って再訪問した時には完全に忘れていることがわかったので、その後無駄な努力はしないことに決めたのだ。

5　**文字が読めない世界**：私がこの事実を実感したのは、上の娘が2、3歳の頃だった。彼女は、クレヨンで街の絵を描いて遊んでいる際に、文字のようでいてしかもどこか変な記号をあちこちに描いていることに気づいた。まだ文字を読めないために、自分の目に入る街中の看板の文字が画像として記憶されていたのだ。私はこれには驚いた。字が読めるようになった大人は、無意識のうちにその部分だけ写真的な記憶とは切り離した文字コードとして独立して頭に入れている。これはコンピュータと同じで、この文章をすべてピクセル化した画像として保存するよりも文字コードの集合として保存する方が、圧倒的に容量を節約できかつ正確だからである。したがって一旦文字が読めるようになると、人間は文字を図形として記憶する能力を失ってしまうようだ（ただし、読んだ本のイメージを丸ごと記憶しており、必要に応じて該当ページを頭でめくってそこに書かれている記述を思い出せる人がいるという話を読んだことがあるので、必ずしも全員というわけではなさそうだ）。しかし、そもそも文字が読めない場合には、それを文字コードには翻訳できないから図形として認識せざるを得ない。日本人にとって韓国はそれを体験できる最も近い国である。

6　**結婚式の恥ずかしい写真**：実は、日本でもすでにそうなっているのかもしれない。その時は深く考えることもなく、単なる勢いで撮影しているからいいようなものの、数年経つとかなり小っ恥ずかしい写真のオンパレードのような気もする。しかしそもそも結婚式そのものがそのような性格をもつ儀式なのであり、もう二度と人前であのような恥ずかしい経験はしたくないと思わせることで離婚を防ぐ効果を狙っているのであるとすれば、その目的は十分達せられているのであろう。

7　**GO!**：どうでも良いのだが、最近見たテレビ番組のおかげで北川景子の顔が浮かんでしまった。

8　**500人の日本人顧客がいる運転手**：もし近々ソウルに行かれる予定の方でご興味があれば、彼の連絡先をお教えします。

9　**日本人スタイル**：したがって、私が秘かに楽しみにしていた食券配布はなかった。

10　**ブーケトスの恐怖**：間違って受け取ってしまった人は、半年間必死で婚活をするのかもしれない。それはそれで結果的には良いことなのかも。

11　**シンロー、シンプ**：韓国と日本は同じ漢字文化圏なのだと感慨にふける。しかし、実際には韓国では漢字はあまり勉強しない。大学院学生に聞いたところ、彼らの年代では300字程度の漢字しか習わないらしい（しかも、かなり忘れてしまったし、ましてや書くことなどほとんどできないと言っていた）。したがって、彼らは自分たちがしゃべっている単語のほとんどは漢字からきているのだということを認識していない。これはとても寂しいことである。

12　**新婦側の気持ち**：私の教え子はほとんどの場合新郎なので、私と新婦の間には直接何の利害関係もないにもかかわらず、である。

第5章 これからの世界

重力波天文学のはじまり

２０１６年2月11日、米国のAdvanced LIGO（アドバンスト ライゴ）が、重力波直接検出に成功したことが発表された。人類の科学史に残る大成果である。

重力波とはなにか

まず重力波について簡単に説明しておこう。一般相対論によれば、質量を持った物体はまわりの時空を歪める。これが重力の起源である。さらに物体が激しく運動すれば、この歪みのパターンは時間変化する。この空間の歪みを他の場所へ伝える波を重力波と呼ぶ。ボートが動けば水面を波が伝わり、ギターの弦を振動させると音波が、荷電粒子が激しく運動すると電磁波が発生するのと同じ原理だから、一般相対論の予言といってもさほど難しい訳ではない。

ただ、決定的に違うのはその桁違いの弱さだ。音波や電磁波は人間が比較的容易に発生できるのみならず、すでに日常的にそれらを使いこなしてすらいる。一方、重力は極めて弱いため、実際に検出できる強さの重力波を人工的に発生させることは不可能である。

重力波の強さは、hという無次元パラメータで代表される。これは、互いに離れた2点間を重力波が通過する際に、もとの距離がどの程度の割合で伸び縮みするかを表す。例えば、$h=10^{-21}$の場合、地球と太陽間の距離（1・5億キロメートル）がわずか原子100個分変化することに対応する。あまりに小さすぎて実感が伴わないだろうが、1キロメートルの長さが髪の毛の直径である0・1ミリメートル分だけ変化したとしてもまだ$h=10^{-7}$でしかない。それをさらに2回繰り返してやっと$h=10^{-21}$、すなわち10^{-21}キロメートル（$=10^{-13}$ミリメートル）に到達する。いずれにせよ想像を絶する小ささであることだけはおわかり頂けただろう。

重力波実験施設ライゴ

さて、今回の信号は、日本時間の15年9月14日18時50分45秒に検出された。LIGOは、約3000キロメートル離れた2つの地点に設置された、L字型をした腕を持つ独立なレーザー干渉計からなる。この腕は4キロメートルの長さで、通常は2つの腕を往復してきたレーザー光が互いに打ち消しあうように調整されている。

重力波が到来すると2つの腕の長さがそれぞれ微妙に変化するため、レーザー光はもはや打ち消さず、その長さの差に応じた出力信号が生じる。実は重力波以外の装置の雑音や地震によっても常にある程度長さは変化するのだが、遠く離れた2点ではそれらは全く独立に振る舞うはずだ。したがって、2つの異なる場所で同時刻に、同じ時間変化を示す信号が検出されたとすれば、それが宇宙からの重力波起源である強い証拠となる。

図1は、2ケ所の観測施設で同時に観測された検出器の2つの腕の長さの微小なずれの時間変化を示す。わずか0・2秒間の信号であるが、これこそ人類が初めて検出した重力波信号なのである。図1の右下のグラフには、左下のグラフの信号も重ねて示しているが、まさに同じ振る舞いをしており、これらが宇宙からの重力波由来であることを強く示唆する。観測チームによると、重力波以外の雑音によってこのような信号が偶然検出される確率は、20万年に1回でしかないという。

連星ブラックホールの合体

今回の信号は、13億光年先にある2つのブラックホールが互いに公転しつつやがて衝突して合体し、1つのブラックホールを形成した現象に対応していると結論されている（図2）。ブラックホール連星が遠く離れて公転している時には、ほぼ一定の振幅の重力波が

図1　アドバンストライゴの2つの施設

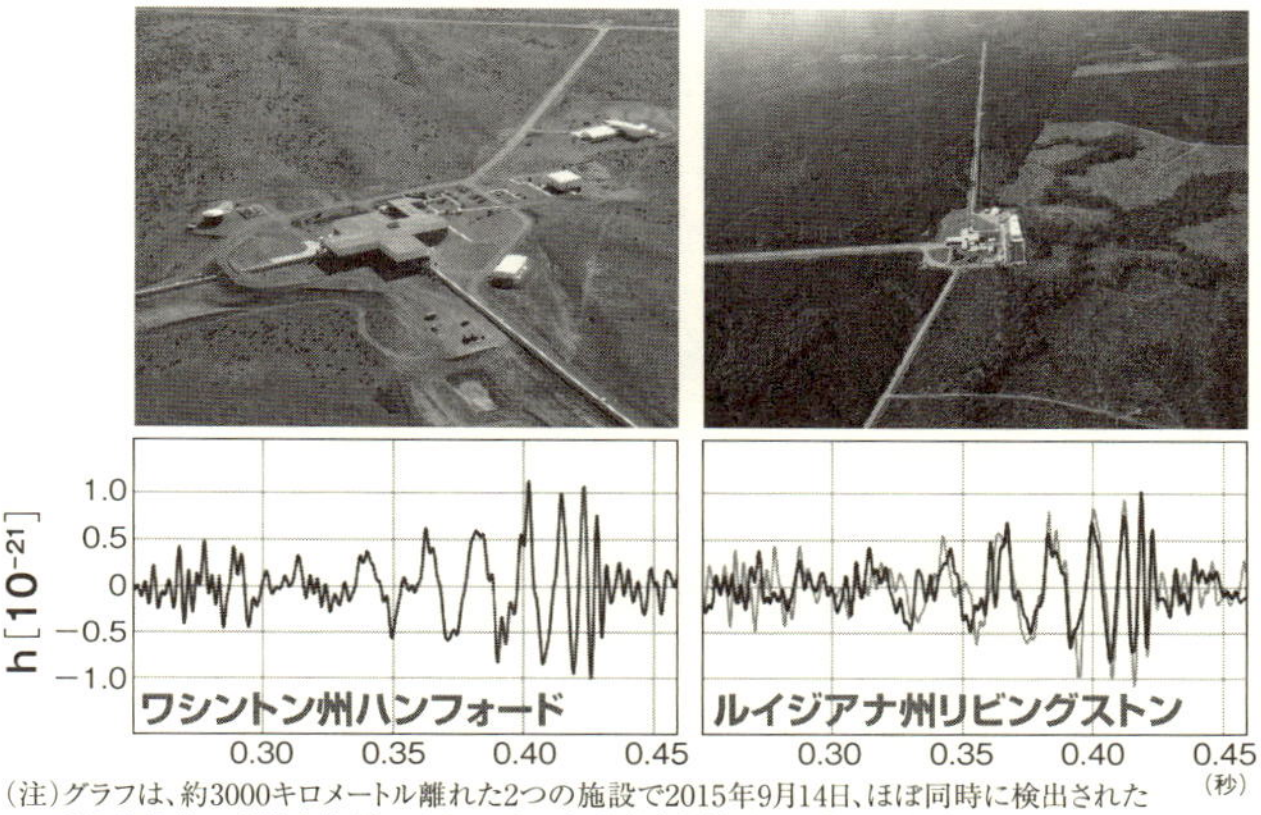

（注）グラフは、約3000キロメートル離れた2つの施設で2015年9月14日、ほぼ同時に検出された重力波信号の時間変化（右の図には左の信号も適宜補正して重ねてある）を示す

図２　重力波を発生させた2つのブラックホールの動き

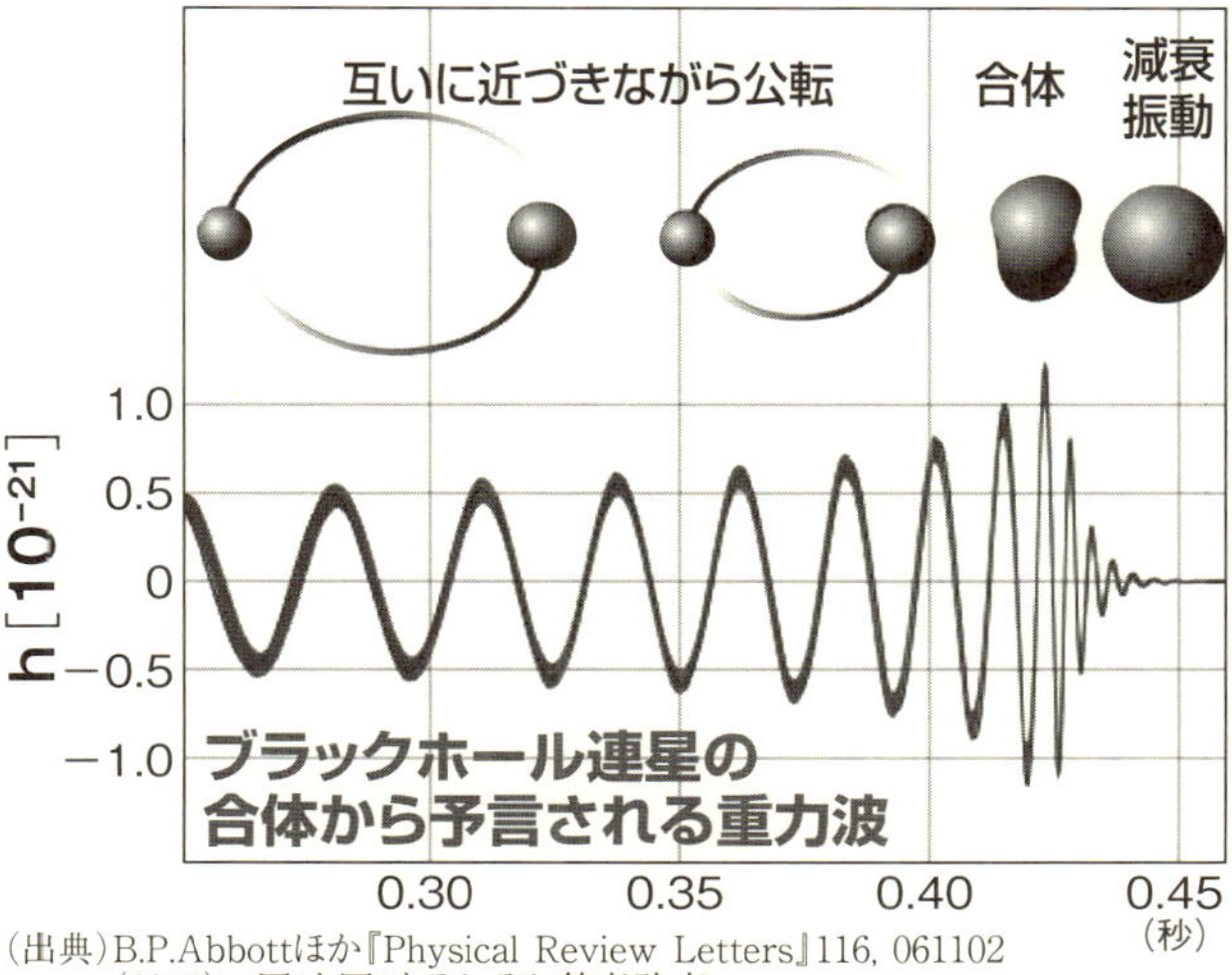

（出典）B.P.Abbottほか『Physical Review Letters』116, 061102（2016）の図1と図2をそれぞれ筆者改変

放出される。ただし、そのような期間（ブラックホール連星が誕生した時にどのような距離にあったのかはわからないので予想は困難である。数万年かもしれないし数千万年かもしれないが、いずれにせよ我々にとっては十分長い時間）の重力波は小さすぎて検出できない。

しかし、そのブラックホール連星は長い時間をかけて重力波を放射することでエネルギーを失い、徐々にその距離を縮め、公転周期が次第に短くなる。そして、お互いがくっつく程度の距離で公転するようになった最後のわずか1秒間以内に莫大な重力波を放出し合体する。そして合体後、振動しながら重力波を放出し、1つのブラックホールに落ち着く。

図2が示す一般相対論的数値シミュレーションから予言される重力波の振る舞いと、今回の観測データとの一致はまさに驚異的としか言いようがない。その結果から、合体前に太陽の29倍と36倍の質量をもつ2つのブラックホールからなる連星系が、合体後62倍太陽質量の1つのブラックホールになったことがわかった。つまり、この前後の1秒以内に太陽質量の3倍ものエネルギーが消滅し重力波として放出されたわけだ。

我々の太陽はその質量の約1割を100億年（＝3×10^{17}秒）かけて電磁波として放出する。このエネルギーが地球の生物界、さらには現代社会を支えている。これに比べて、このブラックホール連星はその30倍ものエネルギーを文字通り一瞬に放出し尽くしたことになる。宇宙は、そして天体現象は、我々の想像力をはるかに凌駕していることを思い知らされる。

ノーベル物理学賞受賞

ＬＩＧＯは２０１５年9月14日に人類史上初の重力波直接検出に成功し、直後からノーベル物理学賞確実と目されてきた。実際２０１７年のノーベル物理学賞は、ＬＩＧＯ検出器での重力波観測に決定的な貢献をしたマサチューセッツ工科大のレイナー・ワイス名誉教授、カリフォルニア工科大のバリー・バリッシュ名誉教授とキップ・ソーン名誉教授の3名に授与された。今回は、予想が困難なノーベル賞の歴史においてもおそらく稀有な、本命中の本命の受賞だったと言える。この最初の発見（その検出年月日に対応して「ＧＷ１５０９１４」と呼ばれる、以下同様）は、連星ブラックホールの合体に伴うものだったが、その後も２０１５年12月26日、２０１７年1月4日、8月14日の3回、連星ブラックホールからの重力波が相次いで検出された。この4回の結果は、「ＧＷ１５０９１４」が29＋36＝62、「ＧＷ１５１２２６」が14＋8＝21、「ＧＷ１７０１０４」が31＋19＝49、そして「ＧＷ１７０８１４」が31＋25＝53と要約できる。

これらは例えば、２０１５年9月14日に検出されたイベントが、太陽質量の29倍と36倍の２つのブラックホールからなる系の合体によって62倍のブラックホールになり、その差に対応する太陽質量の３倍もの膨大なエネルギーが重力波として放出されたことを示す私のオリジナルな記法である。特にＧＷ１７０８１４は、ヨーロッパで稼働を始めたばかりのＶｉｒｇｏ（ヴァーゴ）でも同時に検出された。おかげでＬＩＧＯだけの場合に比べ、格段に高い精度で重力波到来方向の推定が可能となった。

連星中性子星の合体

ところで、重力波の初検出自体もさることながら、それらが大質量ブラックホール連星の実在を証明したこともまた、驚き以外の何物でもない。その意味では、これらの発見はノーベル賞２個分に値するとも言える。ただ残念ながらブラックホールの宿命というべきか、重力波以外の電磁波での信号は検出されておらず、天文学全体へのインパクトはまだ弱かった。とはいえ私ごときがこのような歴史的な発見に対してわがままな文句をつけるのもどうかとは思う。

しかし、なんとそれを払拭してくれる大発見が、日本時間の２０１７年10月16日午後11時に発表された。連星中性子星の合体に併う重力波イベント「ＧＷ１７０８１７」である。これが過去４回の連星ブラックホールからの重力波の発見とどのように異なる意義を持つのか。簡単にまとめておこう。

①ＬＩＧＯの重力波の解析から、これは太陽質量の０・86倍から２・26倍の範囲にある２つの天体が衝突したことが結論できる。これは、いずれも現在知られている中性子星の質量範囲と一致する。一方、これだけ低質量のブラックホールは未だ知られていない。そのため、これらは中性子連星の合体に伴う重力波であると考えられる。

②ＬＩＧＯが重力波を検出した2秒後に、γ線観測衛星「フェルミ」がγ線を放射する天体を発見した。これは長らく正体が謎であったγ線バーストと呼ばれる天体の、少なくとも一部（特に継続時間が短い種族）が連星中性子星合体に伴うものであるとする以前からの仮説を検証した。

③Ｖｉｒｇｏだけでは重力波の検出はできなかったものの、ＬＩＧＯの検出データと組み合わせることで、重力波と考えられる微かな信号の存在が浮かび上がった。いずれにせよ、すでにＶｉｒｇｏは２０１７年8月14日に重力波の検出に成功しており、それが強い信号を検出できなかったという事実は、衛星フェルミのデータと合わせて、候補天体の位置を絞り込む上で大きな役割を果たした。

④ＬＩＧＯとフェルミ衛星の結果は、直ちに世界中の天文学者に知らされ、追観測が行

われた。その結果、70を超える地上あるいはスペース望遠鏡が、γ線、X線、紫外線、可視光、赤外線、電波という電磁波の広い波長帯において、信号を検出した。このように、今のところ重力波しか検出されていない連星ブラックホールの場合とは異なり、天文学全体に大きな波及効果をもたらした。

⑤鉛や金、プラチナなどの鉄より重い金属の起源は今まで謎であった。しかし、その多くが連星中性子星合体の際に生成されたのではないかとする仮説が提案されていたが、今回の他波長観測結果はその説を裏付けた。

宇宙は物理法則にしたがっている

このように、今回の発見は、天文学における永年の謎の解明に大きな威力を発揮した。それらの解明の先には、さらなる新たな謎が見えてくるであろう。まさに、新たな天文学がはじまったのである。

やや個人的な意見かもしれないが、20世紀末から今世紀初頭にかけての天文学は、宇宙論の時代だったといっても過言ではなかろう。実際、その結果、我々は、宇宙の大半が未知の物質で満たされているという衝撃的な事実を得た。未だ正体がわからないそれらの物質は、ダークマターやダークエネルギーという意味不明な名前で呼ばれたままである。

にもかかわらず一般相対論をはじめとする既知の物理法則を用いることで、それらがそれぞれ宇宙の26・5±0・3％、68・4±0・9％を占めるということまでわかっている。そしてこれらの値は、現在知られている宇宙論的な観測データを見事なまでに定量的に説明してくれる。これは、「宇宙という巨視的なスケールが物理法則に従っている」ことの証明に他ならず、私はこれこそが、過去20年の宇宙論研究が明らかにした最も本質的な発見であると考えている。

物理法則に矛盾しない現象は必ず実在する

宇宙論に加えて、1995年からは突如として系外惑星が天文学の重要な分野となった。今にして思えば理解しがたいのだが、それ以前は太陽系の外には惑星系はない、あるいは観測不可能なほど少数であろうという考えが主流だった。その後に明らかとなった数多くの系外惑星系が示す多様性は別としても、太陽系が存在している以上、惑星系は普遍的に存在すると考える方がはるかに自然だったはずなのに、である。

今回の重力波もまた同じだ。ブラックホールと中性子星の存在が観測的に確立していた以上、それらの連星系が合体して重力波を放出すると考えて悪い理由はどこにもない。にもかかわらず、私は今回の一連の発見以前には、そのような重力波が観測できる確率は極めて低く、おそらく最初に発見される重力波は超新星爆発のような既知の爆発的天体現象に伴うものであろうと固く信じていた。凡人は歴史から学ばないという端的な例だとしか言いようがない。

その意味において、今回の発見を通じて私が再認識させられたのは、「宇宙は法則に従っている」どころか、「物理法則に反していない限り、どんなに確率が低い現象であろうとこの広い宇宙では必ず実現している」、そして「それらは必ずや技術の発展によって観測可能となる」という教訓であった。このような歴史的瞬間に立ち会える幸福を与えてくれた世界の重力波研究者の方々に感謝したい。

50年後の世界

いよいよ平成も終わりを告げ、新しい元号が発表されようとしている。すでに、「それって昭和の香りがプンプンするね」といった過去へのノスタルジーなのか侮蔑なのか意味不明なフレーズが定着している。ましてこれが2つ前の元号ともなると、「昭和」がどのようなイメージを持たれるようになるのか、想像もつかない。

今から約60年前、昭和のど真ん中に生まれた私が子供の頃に抱いていた「明治」とは、何故か厳格で秩序正しいはるか昔の時代という印象であった。しかし、今やその子供時代のはるか未来となる、50年後の世界に私は住んでいる。現在の子供たちが、私の生まれた昭和に対して抱いているに違いない途方もない距離感も当然だ。

ところで、太陽系から最も近い恒星であるプロキシマ[※1]へ超ミニ探査機を送る計画が2015年に発足している。これはロシア出身のITベンチャー投資長者として有名なユーリ・ミルナーが中心となって立ち上げたもので、ブレイクスルー・イニシャティブと名付けられた地球外生命探査に関するプロジェクトの一つで、ブレイクスルー・スターショット計画と呼ばれている。仮にこれが予定通り進んだとすれば、今から約50年後に、探査機が撮影したプロキシマの写真が地球に届くはずだ。

地球外生命探査と聞くと、かなり危ない印象を持たれるであろう。近寄らないほうが身のためだ、と考える人もいるに違いない。[※2]メチャクチャ面白いにもかかわらず極度に成功確率が低い課題に、国民の税金から多額の研究費をつぎ込むことにはかなり問題がある。だからこそ大富豪の登場となる。

まさか本書の読者にそのような大富豪がいるとは思えないので、[※3]純粋な思考実験として、「自分に4000億円の資産があるとして、それを何に使うか」一緒にお考えいただきたい。100年で使い切るとすれば、1年で40億円。つまり、1日あたり約1000万円である。この簡単な算数の結果、私ならとりあえず途方に暮れる。何も思い浮かばない。

練習問題として宝くじに当選した場合を考えてみよう。1万円なら、美味しいものでも食べに行く。10万円なら、趣味の何かを大人買いする、あるいは、どこか温泉にでも出かけてのんびりする。この程度なら、簡単に思いつくパターンであるし、共感できるとともに、その幸せが伝わってくる使い道でもある。

ところが、100万円となるとやや難しくなってくる。海外旅行にでも行き、余ったら貯金する、あたりならばまだ幸せと実直さが感じられる。全額を住宅ローンの返済にあてるなどとなると、幸せというより、日々の生活の大変さが偲《しの》ばれる。ローンと組みあわせ新車を買おうと考える人には、本当にその後の返済計画は大丈夫なのですか？　と忠告してあげたくなる。

さらに1000万円となるとどうだろう。もはや借金の返済、あるいは頭金にして住居を購入するなどが圧倒的なのではなかろうか。こうなると、1万円や10万円が当たった場合の微笑ましい幸せは失せ、今後の人生設計と向き合う厳しさのほうが浮かび上がる。ましてや、宝くじで1000万円当たったという事実を親戚や友人に決して知られないよう、心の底に大きな秘密を抱えたまま残りの人生を過ごさざるを得まい。

宝くじで1000万円が当たる人がどの程度いるかはわからない。しかし一生で一度の1000万円ですら、その使途に悩んでしまうのが一般市民というものだ。しかし、4000億円の資産をなしてしまった大富豪は、毎日1000万円を使える、いや、使わざるを得ないのである。私など、そう考えただけで胃が痛くなる。医者に診てもらったところで、国民皆保険の日本では、1万円程度ですむ。その代わり、本日分の未使用残高が99万円になり、ますます苦しくなる……。

とすれば、そんな人々は不幸に違いない、というのが極めて論理的な結論。逆に言えば、そのような大富豪の皆さんがさらなる幸福感に酔いしれるためには、私レベルの小市民には思いつけないような、質的に異なる斬新なお金の使い方を開拓する必要がある。その端的な例が、冒頭に述べたミルナーのブレイクスルー・イニシャティブである。

ミルナーはもともと素粒子物理学理論の研究をしていたが、あまりに優秀な人間がいることに気づき、転向してITベンチャー関係への投資家となったとされている。現在の総資産は約35億ドルらしい（これが、冒頭で、4000億円の資産があったらどうするか、という問いを発した理由であった）。

ミルナーは、その巨万の資産を活用し[※4]、他の富豪仲間の篤志家を集めて財団を設立、積極的に科学活動をサポートしている。彼が創立したブレイクスルー賞は、基礎物理学（2012年創設）、生命科学（2013年創設）、数学（2014年創設）の3部門に対して、それぞれ毎年総額300万ドルが授与される[※5]。これはノーベル賞の約3倍である！

さらに彼は、地球外生命の存在証明こそが科学の究極目標であるという信念のもと、それを哲学的、科学的、技術的に真剣に検討するべく、2015年、ブレイクスルー・イニシャティブというプロジェクトを立ち上げた。それは次の3つのサブプロジェクトからなる。

①ブレイクスルー・リッスン

米国とオーストラリアの電波望遠鏡の観測時間を購入し、近傍の１００万個の星、さらに１００個の近傍銀河からの知的生命起源電波信号の探査を行う。仮に平均的な航空機で用いられているレーダー程度の出力の電波信号が地球に向けて発せられているならば、検出可能な距離にある星は約１０００個である。これに加えて、アメリカの可視光望遠鏡を用いて可視光レーザー信号の探査を行う。可視光の場合でもプロキシマの住人（？）が地球に向けて１００ワットのレーザーを発していれば検出可能である。これらのデータはすべて公開され、総予算１億ドルで10年間継続される。

②ブレイクスルー・メッセージ

人類と地球を代表するデジタルメッセージを作成する国際公募研究で、１００万ドルがその資金。ただしこれは、最適なメッセージの研究を通じて、地球外知的生命との交信に関する倫理的・哲学的問題を全地球規模で議論することが目的であり、そのメッセージを実際に送るかどうかについては確約していない[※5]。

③ブレイクスルー・スターショット

約4光年先の恒星プロキシマにスターチップと呼ばれる超ミニ探査機を送る。スターチップは、およそ2センチメートル四方のサイズにカメラ、コンピュータ、交信用レーザーなどを搭載した数グラムの探査機本体である。宇宙に打ち上げられた母船から、約1000個のスターチップが次々と放出される。それぞれが4メートル×4メートルの帆に結びつけられて、放出後にその帆が広げられる。この帆は、地上の施設から発信されたレーザービームを受けて、約10分で光速の5分の1程度の速度にまで加速される。その結果約20年でプロキシマに到達し、撮影した写真を地球に向けて送り続ける。ホンマかいな、と思われるのも当然、彼ら自身、これはあくまで理論上の話で、実現するための技術自体まだ存在していないことを認めている。その準備的検討と開発のため、ミルナーはすでに約100億円を提供しているが、最終的な完成には20年の開発期間と1兆円以上の経費が必要だと推定されている。

ここに至って、やっとおわかりになっただろうが、およそ1000億円程度の資産を持った大富豪が、自分を満足させるべく有効にお金を使うためには、このレベルのアイディアを持ち出さざるを得ないのだ。ちなみに、これは私が２０１０年に発表した「相対論的人生積分公式」から導かれる帰結でもある。[※7]これは、人々が感じる幸せ度は、そのための支出額ではなく、支出額を総資産額で割り算した相対比に比例するという、極めて自然な仮説である。

例えば、預貯金残額10万円の学生が、バイト代が入ったときいつもの牛丼に１００円で生卵と味噌汁を追加する幸せや、残額１００万円の若手会社員が給料日に１０００円のランチを奮発する幸せと、同等の満足感を得るためには、資産10億円の会社社長は１００万円を支出しなくてはならないという計算になる。[※8]ここまで具体的な例を挙げれば、どなたも即座に納得して頂けるに違いない。

すでに満ち足りた生活のはずの富豪になればなるほど、幸せを実感するのは難しくなる。[※9]現在資産35億ドルのミルナー氏が、かつて１００円の生卵と味噌汁で味わえたはずの幸せを得るために、毎年３００万ドル×３の賞金を基礎科学研究者に提供せざるを得ないのも当然に思えてくる。

話をもとに戻そう。実は、２０１６年8月25日にプロキシマの周りに「適温」惑星が検出され、ブレイクスルー・スターショット計画に大きな夢を付け加えた。現在知られている約20個の適温惑星はいずれも１００光年程度の遠方にある。つまり、仮に光速で進む探査機を打ち上げたとしても到達するまでに100年、そこから送られた信号が地球に戻るまでにさらに100年かかる。実際にはどう楽観的に考えてもその10倍以上はかかるだろうから、浦島太郎あるいは『猿の惑星』のように、予測不可能なはるか未来の地球に向けたプロジェクトになってしまう。

これに対して、ブレイクスルー・スターショット計画が順調に進むならば、今から20年後に打ち上げ、その20年後にプロキシマを撮影、さらにその4年後には地球に観測データが（光速で）届くことになる。私には無理だが、[※10]（この文章を読んでいるとは思えない）今の子供たちは生きているうちにその結果を直接その目で見られる可能性があるのだ。子供の頃には50年間はほぼ無限に近い長さに感じられたが、冒頭に述べた通り、この歳になって50年間を振り返るとまさにあっという間でしかなかった。つまり、彼ら・彼女らの50年後は確実にやって来る。

むろん、落ち着いて考えれば、早晩50年後がやって来ることは自明でしかなく、そこまで力説するのはおかしいと気が付かれた方もいらっしゃるだろう。そうかもしれない。しかし、それは必ずしも自明ではない。50年後の世界がどのような形なのかを少し想像しただけで、おわかり頂けると思う。

実は2017年末、故郷の高知に帰省した際に、系外惑星研究の講演をし、ブレイクスルー・スターショット計画を紹介した。ついでに、50年後がどうなっているのかについて、私が思いつく可能性を列挙しておいた。

＊自動翻訳の普及で学校教育から外国語が消滅※11
＊過疎化により高知県が消滅し四国県に統合
＊ゲノム編集や再生医療の進展による不老不死の実現
＊労働の完全機械化
＊脳とコンピュータの完全接続
＊ＡＩによる人間の支配
＊台風や地震などの天災の制圧
＊某国間の核戦争勃発による日本の壊滅
＊核戦争や致死的ウイルスによる人類絶滅
＊ホモ・サピエンスに代わる新人類の台頭
＊人工生命の完成
＊地球外知的文明との遭遇

これらがどの程度実現するのか皆目わからない。というか、科学・技術の進歩はまさに加速度的であり、わずか5年後を的確に予想することすら至難の業である。講演後、年配の女性からは「元気で長生きしたいと考えていたが、あんな未来ならば幸せなうちに安らかに死んだほうがましだと思えてきた」との暗いご意見を、一方最前列でずっと耳に手を当てたまま聞いてくださった90歳過ぎの男性からは「こんなことが起こるならまだ50年間生きて絶対に見届けなくてはいかんと思いました」との極めて前向きな感想を頂いた。まさに人それぞれである。

いずれにせよ、あらゆる面で、かつてSF小説でしかありえなかったことが実現してしまう時代となっている。宇宙人の代表例は、火星人やケンタウルス座アルファ星人で、しばしばこの地球を侵略したりあるいはこっそり侵入し共存したりしている。ひょっとすると50年後には、直接撮影された彼ら/彼女らの姿が我々に届くかもしれない。はたまた、プロキシマ近くに到達した探査機からの通信がなぜか全て突然途絶えてしまう謎の現象に気づくかもしれない。さらには、探査機からの信号が届いた地球ではすでに人類が滅亡し、シリコン生命体のＡＩがそれらを解析しているかもしれない。それどころかもはや他の文明に乗っ取られていることもありえよう。もっとも近い恒星での生命探査は、同時にこの地球文明の未来を占うことに他ならない。ひょっとすると、これらのどれかを私がまだ生きている間に見届けるはめになるかも……。

※　※　※

1　**プロキシマ**：太陽から最も近い恒星はケンタウルス座アルファ星だと聞いたことがある方もいらっしゃるであろう。実は、このアルファ星（通常はその星座でもっとも明るい星から順番に、アルファ星、ベータ星……と名付けられる）は3つの恒星からなる3重連星系である。主星Aと伴星Bは、それぞれ太陽の1・5倍および0・5倍の明るさであるので肉眼でも見えるのだが、互いに周期79年という比較的短周期、したがって近距離を公転しているため、双眼鏡や望遠鏡を用いない限り連星系だとはわからない。さらにそれらの周りを周期50万年で公転しているのが第2伴星Cで、プロキシマ・ケンタウリあるいはプロキシマと呼ばれる（プロキシマはもっとも近いという意味である）。プロキシマは太陽のわずか0・02倍の明るさしかなく肉眼では見えず、1915年になって初めてその存在が確認された。太陽からの距離は、主星Aと伴星Bまではいずれも4・36光年であるが、プロキシマまでは4・25光年なので、プロキシマこそが太陽からもっとも近い恒星なのだ。

2　**地球外生命探査**：今や天文学者の間では、真面目な顔をしてその話を議論しようと、決して職を失う危険性はない程度に市民権を得ている。それどころか、それを積極的に喧伝してまだ善悪の判断がつかない純粋な大学院生を獲得しようとする輩すら見受けられるほどである。一方、生物学者たちは、その手の話題は極力避けて生きていこうとの賢明な態度が明確である。

3　**大富豪の読者の方へ**：万が一本当にいらっしゃるとすれば、これはとんでもなく失礼な暴言である。念のため、陳謝させて頂きたい。日本には総資産が4000億円を超える大富豪の方々が10人程度いらっしゃるらしい。その方々は、この後に続く思考実験はすっとばして、直ちに私までご連絡頂ければ嬉しく思います。心から幸せを実感できるような、清く正しく美しい有効な資産活用法を幾つか提案させて頂く所存です（ところで私に限らず、富豪に対しては、ついつい敬語を使ってしまいがちなのはなぜだろう。人間の本質的なさもしさの反映かもしれない……）。

4　**巨万の資産**：「巨万」という単語の単位がよくわからないが、インフレーションが進んだ現在では、4000億円の資産家を「巨万」と評してしまっては、かなり失礼な気もする。

5　**ブレイクスルー賞**：日本人受賞者には、2013年の生命科学分野の山中伸弥、2016年の基礎物理学分野の、西川公一郎、鈴木厚人、梶田隆章、鈴木洋一郎の方々がいらっしゃる（むろんこの場合の敬語は、これらの皆さんの業績に対する尊敬の念の表れである）。

6　**アレシボ・メッセージ**：米国の電波天文学者フランク・ドレイクは、1974年11月16日にプエルト・リコにあるアレシボ電波望遠鏡から、約2万5000光年離れた球状星団M13に向けて電波信号を送った。これはアレシボ・メッセージと呼ばれ、1から10までの数字、DNA、人間、太陽系、望遠鏡に関する情報が含まれている（154ページ）。しかしこのような牧歌的な試みに反対する科学者も多い。2015年2月に行われた米国科学振興協会会合では、地球外知的文明が存在しないとすれば、このような試みは無害であるが同時に無意味でもある、一方で仮に実在したとすれば、「それら」が地球文明に対して友好的である保証はなく、わざわざ我々の存在を教える信号を発するのは、将来の地球文明を滅亡させかねない極めて軽率で危険な行動だ、との議論がなされた。このような議論がSFや飲み屋の席ではなく、公的な会議で真面目にされるようになった現状こそ、それなりに感慨深い。

7　**相対論的人生積分公式**：『三日月とクロワッサン』（毎日新聞出版、２０１２）「幸せ相対論」参照。

8　**不適切な表現**：実は初稿では、ここに、若い愛人に１００万円与えるという具体的な例を記しておいた。しかしゲラ校正の際に、Ｔ嬢から「最近はいろいろとうるさいので大丈夫でしょうか？」という忠告を受け、念のために本文から削除することにした。この例はわかりやすくて良いと思う一方で、社長のお金の使い道として愛人しか思いつかない自分の人生観の狭さがやや哀しい。

9　**生卵と味噌汁**：彼がそんなものを食べたかどうかは怪しいし、仮にそうだとしてもロシアではるかに高額だった可能性もある。

10　**Ｔ嬢は１２０歳まで生きるらしい**：私のみならず、日本を代表する知識層かつ高齢層であるはずの『ＵＰ』の平均的読者の皆様も同様。ただしＴ嬢からは「私は１２０歳まで生きる予定なので、50年後を見届けて予言が当たっているかどうか確かめます」との、前向きなコメントを頂いた。

11　**自動翻訳が英語教育を変える**：これは小学校で英語を正式の教科に加えるとの最近の信じがたい愚策に対する私の強い違和感の表明でもある。

渋谷駅とハチ公前広場（1961年）出典：池田信写真文庫

渋谷駅とハチ公前広場（2018年）

○○のバカヤロー

かつて、この雑文シリーズを読んで「須藤さんがすぐに怒るところが良いですね」と激賞してくださった方がいた。振り返ってみると、確かに以前の文章には、社会の不条理に警鐘を鳴らし、率先して怒りの声をあげることで、未来を変革しようとする純粋な気持ちが満ちあふれていた。しかるに最近は、浅薄な笑いを狙ったり、ちょっとした蘊蓄を披露したりするだけで、背後に何ら思想が感じられない内容になりさがっているのではあるまいか。大いに反省させられた。そこで、今回は初心に立ち返り、私が良きにつけ悪しきにつけ内情を知っている大学の現状に対して、とりあえず怒っておきたい。

（1）大学入試制度

毎年2月から3月にかけて、日本中で信じられない回数の大学入試が繰り返し行われている。こんな無駄なことはないにもかかわらず、社会的に容認されている理由がまったく理解できない。
受験できる回数が増えれば、希望する大学あるいは学科に入学できる可能性が高まるから良いではないかという人がいる。簡単な算数ができない残念な人のようだ。受験者数と入学者定員が同じである限り、受験の回数と入学可能性とは無関係である。大学ごとに似たり寄ったりの入学試験を無駄に繰り返すのではなく、１回（あるいは２回程度でも良いが）行った試験の成績を、異なる大学でもリサイクルして使えば良いだけではないか。受験生から受験料を巻き上げる意図以上の理由が思いつかない。

身の回りに受験生がいない方々のために、現状を簡単に説明しておこう。

私立大学の場合、平均的な受験料は３万５０００円。同じ大学でも学科が異なれば、別の日に受験する必要があり、もちろんそれには別途受験料が必要だ。もしも５つの異なる大学（はおろか、同じ大学でも異なる学科）を受験すれば20万円近くかかる。一方、国立大学[※1]の場合には、センター試験が１万８０００円、２次試験が１万７０００円である。しかし、後者は前者の成績を勘案した上で出願した１つの大学・学科しか受験できないし、当然その成績が他の大学で考慮されるわけがない。自宅から通える範囲でなければ、これらの受験料に加えて多額の交通費と宿泊費までもが必要になる。

さらに驚くべきは、私立大学のセンター利用入試というやつだ。受験生のセンター試験の成績を用いて合否判定するだけなのに、別途1万5000円程度の「受験料」が必要らしい。すでに受験生はセンター試験の受験料を支払い済みなのに、なぜこれだけ高額の受験料を再度徴収するのか。どう考えても、受験生の足下をみて暴利をむさぼっているとしか思えない。「いやなら受験しなければ良いだけなのですよ」ということなのだろうが、いやしくも教育機関たるものが、そこまであからさまに経営至上主義を振りかざしていいものだろうか。※2

にもかかわらず日本人はこの面妖な受験制度に慣れきっているせいか、それに対して怒る声をほとんど耳にすることはない。しかし、これらが受験生をなめきっている点は十分認識しておくべきである。スターバックスのアイスコーヒーに氷が多すぎるとの理由ですら数十億円もの訴訟が起こされる「自由の国」アメリカなら、どんな騒ぎになるのか。想像してほしい。

入学試験の本来の目的は、学生が入学後の大学の講義を理解するために必要な基礎学力を持っているかを確かめることにある。同時に、その試験問題は、各大学が入学者に期待する基礎学力のレベルを提示する意味もある。逆に言えば、その目的さえ満たしていれば、後は心理的、肉体的、経済的のあらゆる側面から、受験生にできるだけ負担をかけないような制度設計であるべきである。

しかるに現状は、大学の利益を最優先に考えられているとしか思えない。知り合いの私立大学教員からは「T大の先生にはわからないかもしれませんが、受験料は私大にとって大切な収入源で、入学とは無関係に受験生を増やすことは死活問題なんですよ」と言われてしまう。確かにそれは事実なのだろうが、その現状を容認することなど到底できない。受験生の立場を完全に無視しているからだ。◯◯のバカヤロー。[※3]

「批判より提案を」という見識にしたがって、次の叩き台を示しておきたい。例えば、現在のセンター試験のような共通試験を実施し、受験生はその成績を使って複数の大学・学科に志望順位をつけて申請し、合否判定を待つだけで良いのではないだろうか。国立と私立を区別する必要すらない。それぞれの大学・学科が事前に指定した科目を受験し、その成績があれば十分だ。必要なら、数学A、数学B、数学Cといったように、出題範囲は同じでも、異なる難易度の問題を準備しておき、大学ごとにどれを選択すべきかを指定しておくことも可能である。[※4]

この方式の最大の利点は、受験生の肉体的および経済的負担がはるかに軽減されることにある。さらに、問題作成、チェック、監督、採点にかかる大学教員の労力も大幅に減る。[※5]これらに加えてさらに、大学にとっても、入試の点数の1点の差を区別する不毛な合否判定の呪縛から解放される意義は大きい。

最後の点には説明が必要だろう。現在のシステムでは、試験成績はリサイクルされないので、例えば国立大学の場合、どこかを受験した時点で、他のいずれの大学にも入学できないことが確定する。とすれば、大学が独自の価値観を持ち込んだ合否判定をすれば非難が予想される。例えば、ある地方大学がその県出身の学生を優先的に入学させる、逆に首都圏の学生を優先的に入学させるのは間違っているだろうか？　ある大学が、女子学生の割合を増やしたり、受験に特化しがちな私立や国立の中高一貫校出身者を減らしたりしたいと判断し、それに応じた合否基準を持ち込むのは悪いことなのだろうか？　各大学の教育上の戦略に従って、そのような自由度は認めてしかるべきではないだろうか。

しかし現在の制度ではそれらは論外だとされるに違いない。単願しかできない制度のもとでは、各大学が個性的な選抜基準を設定してしまうと、それに沿わない学生は合格できなくなってしまうからだ。しかし、複数の大学に同時出願できるのなら、あるレベルを満たした学生ならば別の大学に必ず合格できるだろう。したがって、各大学はそれぞれの信念にしたがって、上述のような独自の基準を堂々と公表し、それにもとづいて合否判断することが可能となる。これはすでにアメリカで採用されている制度に他ならない。大学が入学者を選ぶだけでなく、合格者がその後大学を選ぶのである。

すでに東京大学では、入学する学生に多様性がなくなっていることが問題視されており、女子学生と地方学生の割合を増やすさまざまな方策が検討されている。しかし、現状の「公平」な入試では、合否判定において特別扱いする自由度は全くない。最近始まった推薦入試では、それを意識しているのかもしれないが、あまりにも人的コストがかかりすぎる。むしろ、通常の採点基準で上位8割程度の合格者を選び、残りは別基準で選ぶことにすれば良い。例えば、女子学生にはプラス10点、地方学生にはプラス10点、国立や私立の一貫校出身ならマイナス10点とする。これらの具体的な数字をどのように決めれば望みの多様性を実現できるかは、過去のデータを使ってシミュレーションすれば簡単にわかる。

そのような方式の導入は現在でも原理的には可能かもしれない。しかし、実際には大問題になりかねない。「入試成績における1点の違いは神聖にして侵すべからず」との間違った価値観が蔓延しているからだ。[※6] それを打破するためには、試験成績をリサイクルし複数大学への同時出願を認めるのが一番手っ取り早い。多様な合否判定が普及すれば、そんな価値観に固執する意味がなくなるからだ。昨今忙しい見識の高い文科省の方々がこの雑文を読んでいるとは思いがたいが、万が一のことを考えて、忖度なしにぜひとも検討をお願いしておきたい。

うやつだ。

(2) 大学ランキング

最近、分不相応に注目を集めていると思われるものの代表格が世界大学ランキングというやつだ。

そもそも政治的・文化的背景を全く異にする世界各国の大学につけられた順位を真に受ける人間がいること自体信じがたい。上述のようにかなり度を越した厳密な入試が行われている日本国内ですら、偏差値による大学の序列化は学部あるいは学科別になされている。法学部、文学部から工学部や医学部にわたる偏差値を平均して大学入学難易度ランキングを作成したところで、受験生にとっては何の役にも立たない。もしそんな無意味な統計を発表するレベルの予備校があるとすれば、高い月謝を払ってまでそこに通う意味はないと忠告したい。

同様に、タイムズ・ハイヤー・エデュケーション（ＴＨＥ）とやらが発表する世界大学ランキングの結果を真剣に受けとめる善男善女がいたとすれば、お近くの大学で学び直して、世のなかに蔓延する嘘と誠を見分ける力を身につけることをお勧めしたい。[※7]

さて、ＴＨＥ公式サイトによれば、このランキングは教育（30％）、研究（30％）、過去6年間の論文引用回数（30％）、国際性（7・5％）、産業界からの資金（2・5％）の5

つの項目ごとのポイント数と重みに基づいて決定されているという。さらに教育と研究のいずれにも知名度調査という小項目があり、それらの重みの合計は全体の33％を占める。知名度調査がどう行われているかまではわからないが、いずれにせよあまり説得力がないことだけは想像がつく。

日本では、東京大学が２０１５年に前年の23位から43位に「転落」したことが大きな話題となったが、そもそも大学の教育力や研究力が1年で大きく変化することなどあり得ない。英語圏の大学に偏った指標であるとの従来の批判はもちろん、この結果からだけでもＴＨＥランキングを重視する愚かさは自明である[※8]。

とはいえ、とかく物事に序列をつけてあれやこれやと言いたがるのは世の常、人の常。例えば、47都道府県幸せ度ランキングなどは、友達と楽しく話すネタを提供してくれるから良いのである[※9]。同様に、大学ランキングなどという下品なものに目くじらをたてるなど、我ながら大人気ないどころか恥ずかしいほどである[※10]。にもかかわらず、驚くべきことに昨今は文科省や政府までもが過剰反応の陣頭指揮をとっている。そんな暇があったら、対ＧＤＰ教育予算額とか、国民幸福度といったもう少し自分たちが責任を持つべき世界ランキングでの日本の順位に心を痛めてほしいものだ。◯◯のバカヤロー[※11]。

つつある。

（3）大学のスポンサー

最近の日本は、自由や寛容といった言葉が著しく意味を失い、とても窮屈な社会になりつつある。

テレビの報道番組で政府批判をすると、ただちにどこからか圧力がかかる。[※12] 国立大学の入学式や卒業式で国歌斉唱・国旗掲揚をしないと、「税金で運営しているのに何事か」との批判がまかり通る。本来は、なぜそのような状況になっているのかを立ち止まって考えて、強制せずとも自発的にそのような状況が解消するように努力するのが上に立つ人の責任というものだろう。しかし、そのような正論すら認めてもらえないような困った世の中に向かっている。

世界には、テレビでは全く国家批判は行われないどころか、あらゆる式典において国家トップを賛美することが当然のように励行されている国が存在する。幸か不幸か私はそのような国を訪問して、現地の人々の声を聞き世界国民幸せ度ランキングを作成する時間も勇気もないのだが、そのような国がブータンと並んで幸せ度ランキングの上位を占める可能性は著しく低いのではないかと予想する。とすれば、そのような国々への仲間入りをめざしているかのような現在の◯◯はバカヤローである。[※13]

さて、現在の日本の大学は、国立はおろか、私立であろうと、国からの運営交付金がその収入の大部分を占める。そのために、国の方針には意見せず、毎年の細々としたお手当を確実に頂きながらその枠の中で粛々と過ごすのが、大学のロールモデルと化している。一時期物議を醸した、国立大学における人文社会科学系学部の廃止論議は、まさにそのような風潮が背景だろう。※14

これに比べれば、最近の大学教員と学生の関係の方がはるかに民主的だ。「この研究室に所属している限り、私の与えた研究テーマ以外はまかりならん」などと激怒して学生の自由な研究を妨害するような教員がいたならば、学内パワハラ委員会に訴えられ、処分される可能性が高い。その一方で、大学が国をパワハラで訴えるなどという話は聞いたことがないのは納得できない。

これを打破するには、大学の主たるスポンサーが国であるという構図を変革させる必要がある。私の案は、ふるさと納税と同様に、国民が自分の税金の一部を大学に回す自由度を与えることである。現在の在籍学生とその保護者、教職員、そして過去の卒業生などを考えれば、良い教育を行い感謝されている大学ほど多くの寄付を受ける可能性が広がる。逆に、法外な受験料や授業料のわりにまともな教育をしていない大学は、自然と淘汰されるであろう。国民にとっても、自分の税金の使い道を自分が選べるという感覚は、極めて大切である。

このような寄付を基金化しておき、大学の収入における国の直接的関与を減らすことができれば、大学の独立性を守る方向に寄与するはずだ。昨今何かと忙しい見識の高い財務省の方々がこの雑文を読んでいるとは思いがたいが、万が一のことを考えて、忖度なしにぜひとも検討をお願いしておきたい。

というわけで締めくくりとして最後にもう一度皆さんご一緒にどうぞ。

○○のバカヤロー。※15

※　※　※

1　**国立大学ではない国立大学法人**：自分自身が属していながらお恥ずかしい話なのだが、私はいまだに「国立大学」と「国立大学法人」の区別がついていない。正確には「国立大学法人であり国立大学ではなくなったにもかかわらず巷では相変わらず以前のように国立大学と呼ばれ続けておりそれに誰も違和感を持っていない機関」と書くべきなのだろう。以下で私が用いる「国立大学」とはそのような意味である。

2　**経営至上主義の大学**：これを読んで怒る関係者の顔が目に浮かぶ。「だからこそ、一般入試の半額以下なのですよ」と反論されるかもしれない。しかし実際にかかるコストから考えて妥当とは思えない。しかも、センター入試利用で合格する人数は極めて少ない。さらに、そもそも一般入試の受験料3万5000円そのものが高額すぎると言うべきだ。でなければ、すべての大学があれだけこぞって受験生を増やそうとしている理由が説明できまい。

3　**○○の中身**：以上の文脈を熟慮した上で、○○には、ご自分のお好きな単語を入れて絶叫して頂ければ良い。

4　**理科の入試問題の文章量はハンパない**：ところで、生物や化学の入試問題は、文章量がハンパではないことをご存じだろうか。問題冊子の厚さから判断するに、解答するためには現代国語の入試問題の2倍近い長さの文章を読む必要がある。私なら、それらに正解できないのは言うまでもないが、試験時間中に問題文をすべて読み切る自信すらない。ウソだと思われる方は、インターネットで公開されている東京大学の生物や化学の入試問題と、国語の入試問題を見比べて頂きたい。

5　**入試にかける教員の多大な労力**：守秘義務のために詳しくご紹介できないのが本当に残念だが、大学入試問題作成にかける教員の労力は、おそらく一般の方々の想像をはるかに超えている。それに対する手当はほとんどないに等しい（勤務時間中にやっているから当然なのかもしれないが、実質的には自分の教育と研究の時間を大幅に削減している）。しかも、どんなに優れた問題を作成しても、出題者名は外部には決して漏れないので、ほめられることはない。一方で、仮に間違いが発覚した場合には責任問題となる。つまり完全な減点法なのである。また入試問題は、問題集などで全く自由に引用されている。作成者（チーム）が明らかにできないのだから、著作権もなく、仕方ないのだが。

6　**サイコロを振れ**：これは私の長年の持論である。拙著『三日月とクロワッサン』（毎日新聞出版、2012）「サイコロを振れ、受験生」参照。実際、大学院入試で面接を行うと、筆記試験における10点や20点程度の違いに意味がないことはすぐに実感できる。人間の能力を、1回のしかも筆記試験だけで評価できると考える方がそもそもおかしいのである。米国の天文学における大学院入試で用いられている統一試験の成績と、その後の研究業績にはあまり強い相関がないとの調査結果が公表され、米国天文学会会長が、各大学学科長宛に統一試験の結果を合否判定において過度に信頼することのないようにとの書簡を送っていることもつけ加えておく（拙論：http://webronza.asahi.com/science/articles/2016011300004.html 入学試験の成績は信頼できない?）。

7　**世界大学ランキング**：例えば、数学、物理学、天文学といった個々の研究分野の研究成果別であればまだ指標化は可能であろう。ただし文系分野になると序列化にどこまで意味があるかはやはり疑問である。

8　**ランキング過大重視の愚**：THE公式サイトには、2015年から1000人以上の共著者からなる

「例外的な」649編の論文を引用回数に含めないことに変更したとの記述がある。3000人以上の共著者がいるヒッグス粒子発見の国際共同実験はまさにこの例外にあたる。2015年の東京大学の指標は論文引用回数のみが、昨年の74・7ポイントから60・9ポイントに急減しており、順位の変化はこれで説明がつきそうだ。念のために付け加えておくと、だから東京大学はもっと高い順位にあるべきだと主張する意図など毛頭ない。ランキングとは所詮そんなものだと言いたいだけなので誤解なきよう。

9　**県別幸せ度ランキング**：2015年度に我が故郷高知県が46位とされた事実には決して納得できないのだが。

10　**大学が反省するべき点はある**：何はさておき、大学は教育の場である。そしてそれは、そこで学ぶ若者がランキングなどという皮相的な指標に左右されることなく、また競争という一元的な序列に縛られることなく、自らの世界観を獲得することを最優先として設計されるべきだ。その意味において、ランキングの順位などとは無関係に、日本の大学が反省し改善すべき点は山積している。

11　**○○の中身**：以上の文脈を熟慮した上で、○○には、ご自分のお好きな単語を入れて絶叫して頂ければ良い。

12　**パワハラの常**：圧力をかけたとみなしている方は、「決して圧力をかけた覚えはない」と答える。しかし、その道の方に「決してこうしろと言うつもりはないのですがね……」などと言われれば、ますますビビってしまうのが平均的小市民である。

13　**○○の中身**：以上の文脈を熟慮した上で、○○には、ご自分のお好きな単語を入れて絶叫して頂ければ良い。

14　**人文社会科学系学部の廃止論**：拙論 http://webronza.asahi.com/science/articles/2015080300002.

html 人文・社会科学と大学のゆくえ、参照。

15 **最後のバカヤロー**：今回は文脈的に○○の中に何を入れるべきなのか理解に苦しむであろうが、この際、日頃の鬱憤をはらす場として自由な単語を入れて活用して頂ければ幸いである。

わりとあっさりとした後書き

本書は、主としてT大出版会の『UP（ユーピー）』誌に連載した雑文をまとめた単行本シリーズの第4弾である。今回は、それらの雑文に加えて、2014年7月から2016年7月まで毎月1回、『週刊エコノミスト』誌に連載した「サイエンス最前線」の記事も散りばめた構成となっている。これは単に本書の出版元である毎日新聞出版の雑誌であるからという安直な理由（だけから）ではない。読者の皆さんに、サイエンスに関する硬軟織り交ぜた多面的な視点を提供したいとの真摯な気持ちの表れだと善意に解釈してほしい。

いつもながら、私の好き勝手な雑文の連載を放任しているT大出版会の『UP』誌と担当編集者T嬢、どう考えても場違いに思えた『週刊エコノミスト』誌上の天文関係記事連載を企画してくれた担当編集者K氏（ただし依頼時には『UP』誌とは異なるトーンで執筆するように念をおされた）、この出版不況のおりに本書の単行本化を実現すべく奔走してくれた担当編集者N氏、さらにはそれを（不承不承）受け入れてくれた毎日新聞出版、そしてなによりも読者の皆様（ただし、書店での立ち読みだけの方を除く）に心から感謝の意を表したい。

最後に本書でとりあげた経験や考察に関して陰に陽にお世話になった（イニシャルで勝手に登場させてしまった場合を含む）多くの方々に、以下敬称略でお名前を（何の相談もないまま）明記することでささやかな感謝の辞に替えさせて頂くこととしよう。

青木まりこ、天野弘幹、有沢竜介、岩崎毅、武向平、尾上陽介、岡松治彦、尾崎隆通、門田禎子、金蓮星（김연성）、小林剛、小松美加、斎藤毅、佐藤めぐみ、佐藤美幸、佐野ひとみ、柴田一成、景益鵬、須藤茜、須藤千歳、須藤翠、高島雄哉、高田昌広、田嶋夏希、丹内利香、永上敬、南部あさの、西村隆、はっしゃん、朴善培（박선배）、朴璟勲（박경훈）

２０１８年５月５日

須藤　靖

初出一覧

第1章　時空を超えて

＊情けは地球のためならず：注文の多い雑文その四〇『ＵＰ』２０１７年12月号ｐ17
＊みんな大好き並行宇宙：注文の多い雑文その三九『ＵＰ』２０１７年８月号ｐ26
＊再現性のない世界：注文の多い雑文その三一『ＵＰ』２０１５年９月号ｐ22
＊明日のことはわからない：注文の多い雑文その三八『ＵＰ』２０１７年６月号ｐ40

第2章　人生と科学の接点

＊人生に悩んだらモンティ・ホールに学べ：注文の多い雑文その二六『ＵＰ』２０１４年３月号ｐ12
＊アインシュタイン、エディントン、マンドル：注文の多い雑文その三三『ＵＰ』２０１６年３月号ｐ39
＊かに星雲と『明月記』の出会い：注文の多い雑文その三五『ＵＰ』２０１６年９月号ｐ36
＊ベンフォードの法則：注文の多い雑文その三七『ＵＰ』２０１７年３月号ｐ39

第3章　地球を取り巻く宇宙

＊１３８億年前の光（ＣＭＢ全天地図／エコノミスト「サイエンス最前線」18　２０１４年11月18日）
＊太陽系外惑星（系外惑星の見つけ方／エコノミスト同14、54　２０１４年10月21日、２０１５年８月18日）
＊地球をおそう小天体の脅威（パンスターズ／エコノミスト同38　２０１５年４月15日）
＊地球外文明は存在するか？（ＳＥＴＩ：地球外文明は存在するか？／エコノミスト同42　２０１５年５月19日）

第４章　日常にひそむ法則

＊「青木まりこ現象」にみる科学の方法論：注文の多い雑文その三二『ＵＰ』２０１５年12月号 p24

＊日中関係打開の糸口：注文の多い雑文その二八『ＵＰ』２０１４年9月号 p30

＊韓国で結婚：注文の多い雑文その三六『ＵＰ』２０１６年12月号 p12

第５章　これからの世界

＊重力波天文学のはじまり（アインシュタインの予言以来１００年後の快挙（エコノミスト「サイエンス最前線」82　２０１６年3月8日、重力波天文学が始まった／webronza　２０１７年10月18日）

＊50年後の世界：注文の多い雑文その四一『ＵＰ』２０１８年3月号 p7

＊○○のバカヤロー：注文の多い雑文その三四『ＵＰ』２０１６年6月号 p27

カバー・本文扉イラスト　須藤千歳
装丁　石間淳

須藤 靖（すとう やすし）
東京大学大学院理学系研究科物理学専攻教授
一九五八年、高知県安芸市生まれ。東京大学理学部物理学科卒業、同大学院理学系研究科物理学専攻博士課程修了、理学博士。専門は宇宙物理学、特に宇宙論と太陽系外惑星の理論的および観測的研究。著書に、『一般相対論入門』『もうひとつの一般相対論入門』（以上、日本評論社）、『ものの大きさ 自然の階層・宇宙の階層』『解析力学・量子論』『人生一般ニ相対論』（以上、東京大学出版会）、『三日月とクロワッサン』『主役はダーク』『宇宙人の見る地球』（以上、毎日新聞出版）などがある。

情《なさ》けは宇宙《うちゅう》のためならず
物理学者《ぶつりがくしゃ》の見《み》る世界《せかい》

印刷日 二〇一八年六月五日
発行日 二〇一八年六月十五日

著者 須藤《すとう》 靖《やすし》
発行人 黒川昭良
発行所 毎日新聞出版
〒一〇二-〇〇七四
東京都千代田区九段南一-六-一七 千代田会館五階
営業本部 〇三-六二六五-六九四一
図書第一編集部 〇三-六二六五-六七四五

印刷 精文堂印刷
製本 大口製本

ISBN978-4-620-32527-9